职业教育"四位一体"育人模式丛书

严　纪

中共茂名市委教育工作委员会
茂　名　市　教　育　局　编

丛书编委会

主　　　任：罗欣荣

常务副主任：麦丽敏

副　主　任：张德亮　陈晓玲

编委会成员（排名不分先后）：

伍世亮　龙瑞兰　梁辉良　江肇钦　黄益辉　俞继成　杨晓强

余义才　梁德萍

本书编委会

执行主编：余义才　梁德萍

编写人员（排名不分先后）：

余义才　梁德萍　李　祎　廖嘉文　郭清燕　王美平　梁　阳

张金莲　陈海富　邹红霞　徐燕菊　吴婉雅　许泽壮　黄柯丽

李立新　李　晴　王剑清　郭金玲　阮晓茵　聂　玮　黄海花

梁巧文　邓洪丽　詹雪梅　熊海燕　蔡冲冲　奚义宁　陈应娟

李燕飞　罗肖华　张清露

SPM 南方出版传媒

全国优秀出版社　全国百佳图书出版单位　广东教育出版社

·广州·

图书在版编目（CIP）数据

严纪 / 中共茂名市委教育工作委员会，茂名市教育局编. —广州：广东教育出版社，2021.5（2022.2重印）
（职业教育"四位一体"育人模式丛书）
ISBN 978-7-5548-3483-1

Ⅰ.①严… Ⅱ.①中… ②茂… Ⅲ.①道德修养—职业教育—教材 Ⅳ.①B825

中国版本图书馆CIP数据核字（2020）第182247号

策划编辑：李　霞
责任编辑：施兰娟
责任技编：吴华莲
装帧设计：陈宇丹

严纪
YANJI
广 东 教 育 出 版 社 出 版 发 行
（广州市环市东路472号12—15楼）
邮政编码：510075
网址：http：//www.gjs.cn
佛山市浩文彩色印刷有限公司印刷
（佛山市南海区狮山科技工业园A区）
787毫米×1092毫米　16开本　11.75印张　220 000字
2021年5月第1版　2022年2月第2次印刷
ISBN 978-7-5548-3483-1
定价：44.00元

质量监督电话：020-87613102　邮箱：gjs-quality@nfcb.com.cn
购书咨询电话：020-87610579

序

习近平总书记在中国共产党第十九次全国代表大会上提出了"培养担当民族复兴大任的时代新人"的新要求，为新时代中国特色社会主义的人才培养指明了方向。在职业教育改革不断深化的今天，进一步落实立德树人这一根本任务，创新职业教育育人模式，构建现代化职业教育体系，提高职业院校育人质量，培养高素质的社会主义建设者和产业发展人才，成为各省市职业教育工作的重中之重。

为了更好地促进广东经济社会的发展，职业教育需要不断融合时代精神，与时俱进，以新时期广东精神，即"厚于德、诚于信、敏于行"引领职业教育人才培养，健全德技并修、工学结合育人机制，实现职业院校技能教育和道德素养二元并举。茂名市高度重视职业教育的发展，高等教育"两本四专"6所高校格局初显，中等职业教育与普通高中教育协调发展，是广东省国家级农村职业教育和成人教育示范县数量最多的地级市。茂名作为全省首批现代职业教育综合改革示范市，全市职业教育生机勃勃，呈现出良好的态势。

2018年，中共茂名市委教育工作委员会、茂名市教育局紧紧围绕"培养什么人、怎样培养人、为谁培养人"这一战略主题，为全面提升学生职业道德素质和综合素养，在全市开展职业教育铸魂、厚德、精艺、严纪"四位一体"育人模式建设。"四位一体"育人模式主要包括：铸魂，"加强思想政治教育，坚持社会主义办学方向"；厚德，"加强优秀传统文化熏陶，践行社会主义核心价值观"；精艺，"弘扬大国工匠精神，提高职业技能素养"；严纪，"加强纪律作风建设，推进半军事化管理"。为切实提高人才培养质量，确保取得实实在在的成效，形成茂名市职业教育的党建品牌，努力打造茂名市职业教育的亮丽名片，各职业院校成立了职业教育"四位一体"育人模式工作领导小组，制订专项规划和工作方案，并在中共茂名市委教育工作委员会、茂名市教育局的组织下，联合编写"职业教育'四位一体'育人模式丛书"之《铸魂》《厚德》《精艺》《严纪》四本教材。

本套丛书立足茂名市的政治、社会、经济和文化特色，发掘茂名市在历史长河中、在我国社会主义现代化建设中、在实现中华民族伟大复兴的事业中所涌出现的优秀案例；充分发挥文化育人优势，深挖地方资源，凸显地方特色；加强对职业院校学生的爱党、爱国、爱社会主义、爱家乡教育；加深优秀传统文化熏陶，践行社会主义核心价值观，弘扬大国工匠精神；加强作风建设，使思想政治教育和德育教育有了切实的抓手和落脚点。本套教材由中共茂名市委教育工作委员会、茂名市教育局牵头，茂名职业技术学院、广东茂名幼儿师范专科学校、广东茂名健康职业学院、信宜市职业技术学校深入总结"四位一体"育人模式工作的成效和经验，会聚学校优秀教师多次进行专题研讨，历时两年精心打磨，终于完成教材的编写。在这里我由衷地感谢为教材编写付出辛勤劳动的全体人员。

探索现代职业教育人才培养模式任重而道远，但是我相信，只要我们目标明确、扎实推进、稳步落实，发挥各方优势，凝聚各方力量，从广东乃至国家现代产业体系建设需要和职业教育改革发展及技术技能人才培养要求出发，深挖茂名经验对实现全省职业教育目标的积极意义，就一定能为茂名建设现代职业教育综合改革示范市作出应有的贡献，为广东创建现代职业教育综合改革试点省添砖加瓦。

是为序。

罗欣荣*

2020 年 7 月

---

* 作者系中共茂名市委教育工作委员会书记，茂名市教育局党组书记、局长。

前　言

习近平总书记在 2014 年全国职业教育工作会议上指出，要树立正确人才观，培育和践行社会主义核心价值观，着力提高人才培养质量，弘扬劳动光荣、技能宝贵、创造伟大的时代风尚，营造人人皆可成才、人人尽展其才的良好环境，努力培养数以亿计的高素质劳动者和技术技能人才。①

茂名市政府积极响应国家号召，结合本地实际情况，提出在茂名市开展职业教育铸魂、厚德、精艺、严纪"四位一体"育人模式建设。为了将"四位一体"育人模式落到实处，中共茂名市委教育工作委员会、茂名市教育局组织人员精心编写由《铸魂》《厚德》《精艺》《严纪》组成的"职业教育'四位一体'育人模式丛书"。本套丛书紧密围绕"培养什么样的人、怎样培养人、为谁培养人"的战略主题，立足茂名本地，深入挖掘茂名特色。

本书是"职业教育'四位一体'育人模式丛书"中的一本，以"严纪"为主题，共用三篇八个章节进行阐述。第一篇是学法律，识纪律；第二篇是明规矩，严守纪；第三篇是正作风，筑格局。这些章节层层递进，紧密相连。

在本书的编写过程中，我们尽可能地从同学们的角度去思考问题，采用简单易懂的语言进行书写，使用同学们身边发生的事情来引起共鸣。为了增加本书的趣味性和活泼性，中间穿插了许多小故事和案例。同时在每一节的最后设计了实践体验活动，给各位同学提供开展体验活动的方向，"纸上得来终觉浅，绝知此事要躬行"，实践能使各位同学对内容有更深刻的认识。本书还配套有电子资源，同学们只要扫一扫二维码就可以观看视频资料，这

---

① 全国职业教育工作会议在京召开　习近平作指示　李克强讲话［EB/OL］.（2014-06-23）［2020-07-15］. http//www.gov.cn/xinwen/2014-06/23/content-2707467.htm.

些视频资料都取自茂名本地，事件就发生在我们身边。

　　《旧唐书·魏徵传》有言："以铜为镜，可以正衣冠；以古为镜，可以知兴替；以人为镜，可以明得失。"希望各位同学通过阅读本书，能够进一步认识自我，继续发扬自己的优势，改进自己的不足，为实现中华民族伟大复兴做出自己的贡献。

编　者

2020 年 8 月

目 录

学法律 识纪律

第一篇

第一章　严学法律知识，知法守法

【导语】

　　法律是由国家制定或认可，具体规定人们的权利和义务，并由国家强制力保证实施的，具有普遍约束力的规范。学法知法守法，是我们应尽的责任和义务，也是我们生活的保障。作为职业院校学生，我们要认真学习法律基础知识，学会运用法律知识和规章制度来约束自身的言行举止，并捍卫自身的合法权益。学习宪法，可认识公民基本权利与义务；学习民法，可了解民事权利与责任；学习刑法，可明确犯罪与刑罚规定。新时代学生是国家发展的人才基础。学生守纪明法，增强法律意识，学会运用法律武器，才能严肃校纪校风，营造良好的社会法治氛围，助力推动国家和社会的进步。

第一节　学宪法，知基本权利与义务

【名言警句】

家有常业，虽饥不饿；国有常法，虽危不亡。

——《韩非子》

有法必然治国，无法必然乱国；法有权威则治，法无权威则乱。

——《孟子》

 【事例导入】

　　小李是某职业院校二年级学生，他一直以来都将主要精力放在学习专业知识技能上，日常学习生活中也能够做到明事理、讲纪律。他虽然参加过学校开展的国防教育和入学军事训练，但是对国家的法律了解得不多，没有主动学习宪法的意识，平时也不会太关注这方面的热点问题和进行理论学习。

　　这个学期，学校组织在校学生参与所在片区的人民代表大会代表民主选举。小李因为没有认真学习过宪法，不清楚公民的基本权利和义务，一直认为参与民主选举不重要，对比持无所谓态度，甚至想借口去图书馆自习，不参与民主选举。小李的辅导员发现他的思想认识出现了偏差后，携带《中华人民共和国宪法》找到他，跟他详细地讲解了宪法中关于民主选举的相关内容，让他明白了作为中华人民共和国公民可行使的权利和应履行的义务，包括公民具有选举和被选举的基本权利。小李听了辅导员的讲解后决定认真学习宪法，尊重法律，运用法律正当行使自身的权利，认真履行自己应尽的义务，并加强纪律性学习，做到懂法尊法守法。

思考和判断：

（1）我们为什么要学习宪法？

（2）如果你也遇到参与民主选举的机会，你会怎么做？

一、认识宪法

（一）宪法的概念

宪法是国家的根本法，是治国安邦的总章程，适用于国家全体公民，是特定社会政治经济和思想文化条件综合作用的产物。宪法集中反映各种政治力量的实际对比关系，确认革命胜利成果和现实的民主政治，规定国家的根本制度和根本任务，即社会制度、国家制度的原则和国家政权的组织以及公民的基本权利和义务等内容。

> **概念链接**
> 《中华人民共和国宪法》：是中华人民共和国全国人民代表大会制定和颁布的国家根本法，规定国家的根本制度和根本任务、公民的基本权利和义务、国家机构的组织原则和职权。

（二）宪法的意义

宪法通常规定一个国家的社会制度和国家制度的基本原则、国家机关组织和活动的基本原则、公民的基本权利和义务等重要内容，有的还规定国旗、国歌、国徽和首都以及统治阶级认为重要的其他制度，涉及国家生活的各个方面。宪法具有最高法律效力，是制定其他法律的依据，一切法律、法规都不得同宪法相抵触。宪法保障了我国的改革开放和社会主义现代化建设，促进了我国的社会主义民主建设；宪法推动了我国的社会主义法制建设；宪法促进了我国人权事业和各项社会事业的发展。宪法是保持国家统一、民族团结、经济发展、社会进步和长治久安的法律基础，是中国共产党[①]执政兴国、团结带领全国各族人民建设中国特色社会主义的法律保证。

二、如何学习宪法，明确公民的基本权利与义务

我们要尊崇宪法，牢固树立宪法权威。全面贯彻实施宪法，是建设社会主义法治国家的首要任务和基础性工作。作为职业院校学生，一定要深刻认识到，维护宪法法律权威就是维护党和人民共同意志的权威，捍卫宪法法律尊严就是捍卫党和人民共同意志的尊严，保证宪法法律实施就是保证人民根本利益的实现。我们要充分认识到，宪法法律既是保障自身权利的有力武器，也是必须遵守的行为规范。

我们要自觉遵守宪法，树立法律至上理念；要带头尊法学法守法用法；要主动学

---

① 本书下文提及的"党"，如无特别说明，均指"中国共产党"。

习宪法，学习宪法文本，精读宪法序言和条文，准确把握宪法的核心要义，深刻领会宪法的基本精神，把握宪法精神实质；要深入宣传宪法，深入宣传宪法确立的国家根本制度、根本任务和我国的国体、政体，宣传公民的基本权利和义务等基本内容。

我们要坚定捍卫宪法，要坚决恪守宪法原则、履行宪法使命，切实担负起维护宪法权威、捍卫宪法尊严、保证宪法实施的神圣职责。

【案例探析】

为了提升学生的法律基础知识水平，增强法律意识，某职业院校近期开展了宪法学考活动。小陈作为校内的一名三年级学生，正在忙着找工作。最近他找到一份觉得比较适合的工作，刚步入社会走上实习岗位也比较忙碌，所以他对学校的宪法学考活动不以为意，觉得宪法和自己的生活没有什么关联，所以没有积极参与，对宪法也是一知半解。

小陈在公司实习了两个月，发现这个公司一直没有给予他休息和放假的时间，也没有明确的休假制度，他每天超时加班工作也没有得到应有的补偿，周末也被要求继续上班。他想提出异议，但不清楚自己是否可以提出需要放假休息的要求。小陈感到非常苦恼，于是找辅导员倾诉和咨询。

辅导员对小陈说："近期我们开展了宪法学考活动，宪法当中明确规定了中华人民共和国劳动者有休息的权利。国家发展劳动者休息和休养的设施，规定职工的工作时间和休假制度。所以你有休息权，你有权向公司提出异议，要求公司给予你适当休息的时间。国家通过各种途径加强劳动保护，规定公民劳动的权利和义务，你应该好好地学习宪法知识，这样你就可以运用法律武器来维护自身的权益了。"

经过辅导员的解释，小陈找到了维护自身权益的方法和途径，也知道了要敢于运用法律武器来保障自己的权利。同时，他认识到学习宪法、学习法律的重要性，只有认真学习、理解宪法，才能知晓公民的基本权利与义务，才能知纪律、懂纪律，学会守法用法。

想一想：

你对案例中小陈的观念转变有什么看法？

评一评：

案例中，小陈同学没有认识到学习法律知识的重要性，所以在实习过程中遇到了相关问题，却不清楚自己的公民权利，也不知道可以运用法律武器来维护自身权益。在辅导员的解释和教导下，他认识到学习宪法的重要性，只有增强法律意识，懂宪法、知制度，才能够明确自身权利与义务，更好地尊法守法用法。

【活动体验】

"学宪法，讲宪法" 活动

活动目的：加深对宪法的认识。

活动内容：到图书馆或网上查找关于宪法制定及修订的相关资料，查阅宪法的条文，与同学交流分享学习心得，并就以下问题展开讨论。

（1）我国的现行宪法是哪一年制定的？最近一次修订是什么时候？

（2）通过这次学习，你对宪法最深刻的认识是什么？

践行感悟：＿＿＿＿＿＿＿＿＿＿＿＿＿＿＿＿＿＿＿＿＿＿＿＿＿＿＿

＿＿＿＿＿＿＿＿＿＿＿＿＿＿＿＿＿＿＿＿＿＿＿＿＿＿＿＿＿＿＿＿＿＿＿

＿＿＿＿＿＿＿＿＿＿＿＿＿＿＿＿＿＿＿＿＿＿＿＿＿＿＿＿＿＿＿＿＿＿＿

第二节 学民法，知民事权利与责任

【名言警句】

在民法慈母般的眼神中，每个人就是整个国家。

——孟德斯鸠

法者，天下之程式也，万事之仪表也。

——《管子》

 【事例导入】

近日，一名男子在某地街头行走时，突发脑出血跌坐在地，5名大学生拍照取证后救人。

此举在网络上引发争议。有网友为学生的行为点赞："我觉得这样挺好的，既保护了自己，又做了好事。"但也有网友认为："做点好事都需要留证据？"

救人学生之一——某职业学院学生小戴回忆，事发时他正与几个同学前往校外的一家打印店打印资料。"一位戴着眼镜的中年男子坐在地上，喘着粗气，显得很痛苦。"因担心遇上"碰瓷"，小戴便招呼同伴拿出手机录像，再将男子扶起送至医院。小戴表示，如果再遇到这种情况，依然会这么做。

后经医生查明，那名男子是突发脑出血，医生表示："如果再晚几分钟来医院的话，他可能性命不保。"对于那几名学生的做法，患者家属表示："在保护自己的情况下再去救助别人，完全可以理解。"

对此，有律师称，照片录像查证属实，可作认定见义勇为的证据。有专家认为，拍照再扶的行为背后反映的是社会诚信焦虑和道德的缺失。

思考和判断：

（1）这几名学生的做法正确吗？

（2）民法中哪些条文与职业院校学生的学习生活息息相关？

一、民法的重要性

保护民事主体的合法权益是民法制定的目的之一，其中的物权、合同和人格权等与职业院校学生的学习生活、工作息息相关。从生活中鸡毛蒜皮的小事到毕业就业签订合同，从生活中的强行充值办卡、被霸座到初入社会时可能遇到的网贷平台"利滚利"的行为等都能在民法中找到解决依据。民法为我们所关注的扶不扶、救不救等困惑提供法律解答，为看待和处理高空抛物、高铁霸座、见义勇为等社会热点事件构建起法律底线，指导我们妥善处理好实际生活中可能面对的矛盾和纠纷，保障人身权、财产权、人格权等公民权利的实现。

> **概念链接**
>
> 民法：民法调整平等主体的自然人、法人和非法人组织之间的人身关系和财产关系。2020年5月28日，第十三届全国人民代表大会第三次会议表决通过了《中华人民共和国民法典》，是我国第一部以法典命名的法律。

二、如何对待民法

民法是公民的行为规范，充分体现公民在生命健康、财产安全、交易便利、生活幸福、人格尊严等各方面的要求。我们要主动学民法，自觉做民法典的坚定捍卫者，营造学习、宣传民法的浓厚氛围。首先，学民法，认识民事权利与责任。我们要善用新媒体、融媒体平台推出的普法短视频等生动有趣的方式学民法，积极参与社区普法讲座、法庭旁听等活动，并结合校园热点和大众关注的焦点问题学习民法，了解民事权利与责任。其次，守民法，善用民法解决相关问题。我们要养成自觉遵守民法的意识，形成遇事第一时间寻求法律解决途径的习惯，培养法律意识。最后，普民法，争当普法志愿者。可在学校内成立"民法精神学生宣讲团"，宣讲团成员通过自主学习、集体备课、师生讨论等形式针对不同宣讲对象筹备"定制"宣讲活动。通过社会实地宣传、网络宣传等多种宣传方式，广泛开展民法普法社会实践活动，传播民法知识，让民法精神深入人心，为切实推动民法的实施贡献自己的一分力量。

【案例探析】

　　某职业院校学生小明非常喜欢打篮球，经常在周末和同学一起到篮球场打篮球。有一次在打篮球的时候，篮球经过同学小王阻挡后，打在小明右眼上。小明立即被送往医院，医生诊断其为轻伤。经过治疗，小明很快康复了。事后，小明要求同学小王支付相应的医疗费和营养费用，小明认为他的伤是小王导致的，小王理应为自己的过失行为负责。而小王认为自己不是故意伤害小明的，球碰到人是打篮球中存在的正常现象，自己不需要为此承担赔偿责任。

想一想：

小王应该承担赔偿责任吗？民法中哪些条文可解决这个案件的问题？

评一评：

案例中的小王不用承担赔偿责任，《中华人民共和国民法典》中"自甘风险"的相关法律条文可解决这个案件的问题。"自甘风险"是指自愿参加具有一定风险的文体活动，因其他参加者的行为受到损害的，受害人不得请求其他参加者承担侵权责任；但是其他参加者对损害的发生有故意或者重大过失的除外。篮球运动具有群体性、对抗性及人身危险性，出现损害情况属于正常现象，应在意料之中，参与者无一例外地处于潜在的危险之中，既是危险的潜在制造者，又是危险的潜在承担者。篮球运动中出现一定程序的损害是被允许的，参与者有可能成为损害的实际承担者，而损害的制造者不应为此付出代价。小王同学的行为不违反运动规则，不存在过失，不属于侵权行为。

【活动体验】

民法典宣讲团入社区走访实践活动

　　活动目的：增强民众法律意识，引导民众认识民法典，让民法典真正走进民众的心里。

　　活动内容：通过生动的案例、通俗化的语言，针对社区居民的生活需求及其关心的问题进行普法宣传。

活动意义：在学习、落实、应用民法典方面起到先锋模范的作用，解答居民在生活中遇到的法律问题，帮助居民维护自己的权利，加深其对民法典精神的理解。

践行感悟： _____

_____

_____

第三节　学刑法，知犯罪与刑罚规定

【名言警句】

刑法知其所加，则邪恶知其所畏。

——诸葛亮

天网恢恢，疏而不失。

——《老子》

 【事例导入】

2016年3月3日，福州警方发布一则悬赏通告，通告称，2月14日警方发现受害人谢某某被人杀死在福州市晋安区一所中学教职工宿舍内。谢某某是吴某某的母亲，吴某某的名字也赫然出现在悬赏通告中——他有重大作案嫌疑。随着案情的披露，这起弑母案的实情让人错愕，吴某某弑母是有预谋的。他在从学校回家之前，就已经在网上购买好作案工具。在残忍杀害母亲后，他又以母亲的名义向亲戚借钱，替他母亲向学校辞职，他几乎蒙骗了所有人。直到半年后，大家才发现谢某某已经遇害，而并非吴某某所说的，陪他出国留学。当事实逐渐浮出水面时，吴某某已经失踪多时。等他落网时，距离他的作案时间已经过去了三年多。

思考和判断：

（1）三年多的逃亡经历对量刑有何影响？

（2）这个事件给我们的警示是什么？

一、认识刑法

（一）刑法的含义

刑法是规定犯罪和刑罚的法律，是掌握政权的统治阶级为了维护本阶级政治上的统治和各阶级经济上的利益，根据自己的意志，规定哪些行为是犯罪且应当负何种刑事责任，给予犯罪嫌疑人何种刑事处罚的法律规范的总称。

> **概念链接**
>
> 刑法：刑法有广义与狭义之分。广义刑法是一切刑事法律规范的总称；狭义刑法仅指刑法典，在我国即《中华人民共和国刑法》。刑法还可区分为普通刑法和特别刑法。

（二）刑法的特征

1. 刑法具有特定性

刑法规定犯罪及其法律后果，其他法律规定的都是一般违法行为及其法律后果。

2. 刑法具有广泛性

一般部门法都只是调整和保护某一方面的社会关系，而刑法所调整的社会关系相当广泛，如政治、经济、财产、婚姻家庭、人身和社会秩序等多方面的社会关系。

3. 刑法具有严厉性

一般部门法对一般违法行为也适用强制方法，如赔偿损失、警告、行政拘留等。刑法规定的法律后果主要是刑罚，刑罚是国家最严厉的强制方法。

4. 刑法具有补充性

刑法补充性的基本含义是：只有当一般部门法不能充分保护某种合法权益时，才由刑法保护；只有当一般部门法还不足以抑止某种危害行为时，才能适用刑法。国家有许多部门法，需要保护的合法权益都首先由部门法来保护。

5. 刑法具有保障性

在其他部门法不能充分保护某种合法权益时需要由刑法保护，刑法的制裁方法最严厉，这就使得刑法实际上成为其他法律的保障。刑法是其他部门法的保护法，没有刑法作后盾、作保证，其他部门法往往难以得到彻底贯彻实施。

严纪故事

柳 雄 事 件

唐朝贞观年间，允许人们自报在隋朝的资历。对谎报资历的，唐太宗李世民下令：限期自首，否则以死罪论处。之后不久，一个叫柳雄的人谎报资历的事败露了，时任大理寺少卿的戴胄依法判其流放。

唐太宗很生气，召见戴胄说："我已颁发诏书，对谎报资历而不自首的人处以死刑，而你只判他流放。这不是明摆着告诉天下人，皇上说话不算数吗？"戴胄平静地说："皇上如果抓到柳雄当场杀了，大理寺管不着，现在您既然把他交给大理寺，我就得依法判刑。"

唐太宗大怒："你守法，却让我失掉信用！"戴胄说："法律是朝廷向百姓公布的最高信条，皇帝因一时喜怒惩罚他人，不应效尤，如今依法惩治柳雄，这是皇帝舍小信而存大信，是真正的取信于百姓啊！"太宗深感戴胄的良苦用心，遂收回了成命。

（三）刑法的作用

刑法是我国最重要的法律之一。在我国境内的任何个人触犯了刑法，都必须按照刑法的相关规定，严格处理。刑法的作用包括以下几个方面：保护国家和人民的利益，惩治犯罪，维护社会稳定和秩序，等等。换言之，刑法是我国唯一规定了犯罪和对犯罪的惩罚措施的法律，可以规范公民的相关行为，进一步震慑罪犯；调整保护社会关系，维持整个社会的正常发展；更重要的是制裁犯罪行为，惩罚犯罪行为。

（四）刑罚的种类

（1）管制。管制是对犯罪人员不予关押，但限制其一定自由，将其交由公安机关管束和群众监督改造的一种刑罚方法。

（2）拘役。拘役是对犯罪人员短期剥夺人身自由，并由公安机关实行就近关押改造的刑罚方法。

（3）有期徒刑。有期徒刑是在一定期限内对犯罪人员剥夺人身自由，在监狱等执行场所接受教育和劳动改造的刑罚方法。

（4）无期徒刑。无期徒刑是剥夺犯罪人员终身自由，在监狱等执行场所接受教育和劳动改造的刑罚方法。

（5）死刑。死刑又称极刑，是剥夺犯罪人员生命的刑罚方法。

二、正确认识刑法教育

法律素质是现代公民必不可少的一种素质，现代法治社会要求每个社会成员都应该学法、知法、守法，一切活动必须纳入法治的轨道。刑法作为打击犯罪的第一法，与我们的日常生活密切相关。作为学生，对刑法有初步的了解之后，我们的法律素质和道德修养可以得到提高，人生观、价值观也会有一定程度的改变。因此，学习刑法具有十分重要的意义。

首先，学法才能懂法，懂法才能不违法。刑法对犯罪问题做了十分明确的界定。在具体了解犯罪的相关规定之后，我们才知道什么是真正意义上的犯罪，才会知道犯罪的严重社会危害性和严重后果，才会知道什么该做什么不该做，努力做一个遵纪守法的好公民。

其次，我们在日常生活中难免遇到自身或他人的合法财产，甚至是生命财产受到威胁和侵犯的情况，或者遇到难以避免的突发紧急情况。学习刑法，我们才能采取合法途径维护自身权益，避免因采取不当措施导致犯罪。

最后，我们因为懂刑法而保护了自身和他人的重要权益之后，会进一步认识到法律的重要性和必要性，会促进我们去学习和宣传法律，这样才能对实现国家的长治久安、实现依法治国、建设社会主义法治国家的宏伟目标起到推动作用。

学生时期是世界观、人生观、价值观形成的重要时期，外界一丝一毫的影响都可能左右我们的选择。所以在这一时期，我们必须保持高度警惕，稍加不慎，就有可能走上犯罪之路。而刑法教育正好给了我们一个树立正确的世界观、人生观、价值观的机会。在了解和学习刑法的有关知识之后，我们自身的法律素质和辨别是非的能力都能得到质的提升。

【案例探析】

2014年7月，某职业学院学生闫某，和朋友王某在村里树林内的鸟窝掏出了12只小鸟。闫某以800元7只的价格卖给买鸟人贠某，其他小鸟也以不同的价格售出。

后来，闫某和王某又发现另一个鸟窝，掏出4只鸟。不过两人刚把这4只鸟拿回到闫某家，森林公安局民警就来了。第二天两人被刑事拘留，同年两人被批准逮捕。

2014年闫某所在市检察院向市中级人民法院提起公诉。市中级人民法院三次公开开庭审理了此案，认定他们掏的鸟是燕隼，属于国家二级保护动物。

2015年市中级人民法院一审判决，以非法收购、猎捕珍贵、濒危野生动物罪判处闫某有期徒刑10年6个月，以非法猎捕珍贵、濒危野生动物罪判处王某有期徒刑10年，并分别处罚金1万元和5000元。贠某因犯非法收购珍贵、濒危野生动物罪获刑1年，并处罚金5000元。

想一想：

有人认为闫某因为抓鸟就判有期徒刑10年6个月，量刑太重了，你是如何评价的？

评一评：

对于此案的判决，很多人心存疑惑。两个学生，涉案的金额累计不过几千元，也要因为自己的过错，在监狱中度过漫长的10年。群众对此很不理解，甚至一些法律界人士也坐不住了，纷纷发表评论；两个学生家乡的人也联名上书，向法院求情。然而，随着案情的不断披露，从司法机关公布的案情证据来看，判决没有问题，两名学生不仅是明知故犯，而且是多次猎捕珍贵、濒危野生动物；从专家的分析来看，判决也是有理有据的。

 【活动体验】

刑法专题讨论

活动目的：加强对刑法含义的理解。

活动内容：请围绕以下主题在班级内开展一场讨论会，分组通过PPT展示成果。

（1）人在犯罪的时候有没有认识到行为的违法性？

（2）学习刑法的相关知识后，你对刑法有什么新的认识？

（3）法官会不会考虑公众的情感诉求而以一种所有人都能接受的方式处理案件？

（4）涉案人不知道猎捕的动物是国家重点保护的珍贵、濒危野生动物，能否以非法猎捕、杀害珍贵、濒危野生动物罪定罪？

（5）社会良好秩序的形成主要靠道德还是法律？

（6）律师应不应该为死刑犯做无罪辩护？

践行感悟： _____

_____

_____

第二章　严明纪律要求，识纪守纪

【导语】

国有国法，校有校纪，家有家规。任何一个社会、国家、政党、军队都有维护自己利益的纪律。作为新时代的职业院校学生，思想更加开放，也更加向往自由，而纪律又是以约束和服从为前提的，因此有些人便产生了误解，认为严守纪律和个人自由是对立的，要遵守纪律就没有个人自由，要个人自由就不该有纪律的约束。纪律和自由，从表面上看，两者好像是不相容的，实际上却是分不开的。遵守纪律，才能使我们获得真正的自由，从而获得成功；不遵守纪律，就会失去真正的自由，甚至走向违法犯罪的道路。

第一节　认识纪律教育管理

【名言警句】

> 不以规矩，不能成方圆。
>
> ——《孟子》
>
> 任何一个新的社会制度都要求人与人之间有新的关系、新的纪律。
>
> ——列宁

　【事例导入】

　　小冉是某职业院校的一年级新生，由于刚进入新的学习环境，她对自己的要求有所降低，经常迟到、旷课，有时即使去上课了也不认真听讲。辅导员发现这种情况后，多次找她谈心，并向她强调多次旷课或者三科以上考试成绩不及格就拿不到毕业证书，这是学生手册上明文规定的，这条纪律不容违反。然而小冉并不把辅导员的话放在心上，以为辅导员言过其实，依然我行我素。半学期过去，在期中考试中，小冉有两门科目的成绩没达到及格要求。辅导员又找小冉进行了一次谈话，但依然没有什么作用。事情的转机发生在一个星期天之后，小冉主动找到辅导员，满脸悔恨地说她已经认识到问题的严重性，违反纪律就应该承担相应的处罚，希望辅导员可以帮助自己。辅导员追问其原因，原来星期天她和表姐聊天时，表姐告诉她如果考试成绩不及格真的会拿不到毕业证，他们班级里有两名同学因多门科目考试成绩不及格至今还未拿到毕业证书。辅导员听了事情原委后再次跟小冉强调遵守校规校纪的重要性并认真帮助她制订复习计划，同时让学习委员进行监督。自此以后，小冉不再旷课了，上课也会积极回答问题。

　　思考和判断：

　　（1）做了违纪的事情，是否要承担相应责任？

（2）你平常会不会像小冉一样以为违反校规校纪没有太大影响？

一、认识纪律

（一）纪律的含义

纪律是指为维护集体利益并保证工作进行而要求成员必须遵守的规章、条文。良好纪律的形成过程是一个由因外在约束而遵守逐步过渡到内在自律的过程。

> **概念链接**
>
> 纪律有三种基本含义：①惩罚；②通过施加外来约束达到纠正行为目的的手段；③对自身行为起作用的内在约束力。

（二）纪律的特征

1. 纪律具有历史性

纪律作为一种行为规则，伴随着人类社会的产生而产生，伴随着人类社会的发展而发展，因此具有历史性。在原始社会时期，人们在共同生活中养成集体行动的习惯。他们总是成群结队地寻食打猎，如果没有一定的行为规则，就无法协同行动，更无法抵御野兽的侵袭。由此可见，纪律是伴随着人们的习惯而产生的。随着生产力的发展，特别是随着工业革命的到来，生产越发社会化和现代化，分工越精细，协作越广泛，纪律就越重要。

2. 纪律具有阶级性

纪律既然随着人类社会的发展而发展，那么，当人类社会出现阶级以后，纪律就必然打上阶级的烙印。纪律是统治阶级权力和意志的体现，各统治阶级总是按照他们的需要，运用手中的权力，制定出一定的纪律。所以，纪律在阶级社会里具有鲜明的阶级性。

纪律的阶级性并非是一定存在的，对于一些不涉及阶级的集体而言，其内部纪律完全可以和阶级性无关。

3. 纪律具有强制性

纪律既然是维持人们一定关系的规则，就要求集体成员必须执行，它就必然带有强制性。纪律是以约束、服从为前提的。无论是象征着统治阶级权力和意志的政治纪律，还是反映社会化大生产规律的各行各业的职业纪律；无论是维护社会正常秩序的规章制度，还是机关团体的各种公约章程，都具有强制性。集体的纪律一经制定，每个成员就必须执行，违反了纪律，就要受到批评或者惩罚。

孙武的"三令五申"

春秋时期，军事家孙武携带自己写的兵书去见吴王。吴王看过之后说："你的十三篇兵法，我都看过了，要不要拿我的军队试试？"孙武说可以。吴王再问："用妇女来试验可以吗？"孙武也说可以。

于是吴王召集180名宫中美人，请孙武训练。孙武将她们分为两队，每个人都拿着长戟并命吴王宠爱的两个宫姬为队长。队伍站好后，孙武便发问："你们知道怎样向前向后和向左向右转吗？"众女兵说："知道。"孙武再说："向前转就看你们胸口对着的方向，向左转就向你们的左手边转，向右转就向你们的右手边转，向后转就向你们的后面转。"众女兵说："明白了。"

于是孙武命人搬出铁钺（古代的刑具），三番五次向她们申戒。说完便击鼓发出向右转的号令。怎知众女兵不但没有依令行动，反而哈哈大笑。孙武见状说："解释不明，交代不清，应该是将官们的过错。"于是又将刚才一番话详尽地向她们解释一次。再次击鼓发出向右转的号令。众女兵仍然只是大笑。孙武便说："解释不明，交代不清，是将官的过错。既然已交代清楚而号令不被执行，就是队长和士兵的过错了。"说完命左右随从把两个队长推出斩首。吴王见孙武要斩他的爱姬，急忙派人向孙武讲情，可是孙武说："我既受命为将军，将在军中，君命有所不受。"遂命左右随从将两名女队长斩首，再命两队排头的女兵为队长。

自此以后，众女兵对操练的每一个动作都认真执行，再不敢儿戏了。

（三）纪律的重要性

我们生活在这个社会，不可以没有自由，也不可以没有纪律。自由和纪律既对立又统一。自由是在纪律约束下的自由，纪律带有一定的强制性，没有这种强制性，自由也就无法实现。试想，如果每个人都随心所欲、为所欲为，那么学习环境、工作环境、生活环境、社会环境就失去了正常的秩序，个人的自由还能得到保障吗？这是所有人都不愿意看到的。

所以，自由是在纪律框架内的自由，遵守相应的规则才能实现充分的自由。从另一个角度讲，纪律只是约束违反纪律的人和行为，只要不违反纪律每个人都会有充分的自由。作为学生也要遵守纪律，职业院校学生遵守学校就餐纪律，如图2-1所示。

图2-1　遵守学校就餐纪律

二、认识教育管理制度

规章制度，特别是处罚措施，关键在于落实。教育管理有一套成形的规章制度，既有对优秀学生的奖励办法，也有对违规学生的惩罚措施。对于教师来说，在已经告知学生的前提下，必须严格执行学校的制度，这是对学生负责，也是一种"法"的意识教育。对于违规学生来说，要从处罚中得到教训，更好地成长，这是教育管理的目的。

【案例探析】

学生张某，在小学时期经常逃课，不遵守校规校纪，经常出入网吧、歌厅等场所。升入初中不久，就因与外校学生打架被学校给予记过处分。王老师是张某的班主任，她向学校提议，先不要把这件事在全校通报。王老师私底下将他叫到办公室把处分决定给他看，并说明了问题的严重性，鼓励他好好表现，争取早日撤销处分。第一天，张某上课没有迟到。虽然在课堂上情绪不高，但是他至少不再故意扰乱课堂了，王老师还特地在课堂上表扬了他。第二天，王老师发现他在课堂上回答了一个问题，又趁机表扬了他："今天小张同学让我感到非常欣慰，他在生物课上回答了一个问题，而且还答对了。"张某连续两天都受到表扬，他都有些不好意思了。第三天的自习课上，王老师发现他又有些忍不住要说话的样子，故采用了欲贬故褒的教育方法，对他说："小张同学这两天表现不错！我发现你是一个很有意志力的孩子，自习课都能坚持安静地学习了！"他满脸通红："老师，我错了！我刚才说话了。"王老师装作生气，沉默了一阵子，然后说道："你当初对我的保证哪里去了？忘记你的处分了吗？""没有，就是管不住自己。""好吧，如果你兑现诺言，一个月之内没有任何违纪现象，我考虑让你加入班委的行列。"他瞪大了眼睛："真的？""一言既出，驷马难追！"一个月很快过去了，令王老师感到惊讶的是，张某不但没有违纪，而且还经常主动打扫教室，关心同学，简直跟换了一个人似的。王老师当然也兑现了自己的承诺，任命他为副班长。当时他激动得只说得出一句话："我会更努力地好好表现自己的！"鉴于他的出色表现，王老师向校领导提出申请，请求撤销他的处分。当他得知这一消息时，又对王老师说了一句话："老师请相信我吧！"

想一想：

你对以上案例中学校和班主任的做法有什么看法？

评一评：

案例中，张某在受到处分后，心存悔意，给了教育者一个"导之向善"的机会；在教师给他提供撤销处分的可能性后，他积极地去学习，去努力。在这里，处罚对学生是一种促进，起到了积极作用。反之，如果学生本身缺少这种羞耻心、上进心，那么教育者用处罚的方式进行教育管理时，可能需要更多的技巧与耐心。处理不善，还会适得其反，越处罚，学生抵触心理越强。

 【活动体验】

纪律专题讨论会

活动目的：加强对纪律的理解。

活动内容：请围绕以下主题在班级内开展一场讨论会或者辩论赛，分组通过PPT汇报、展示成果。

（1）什么是纪律？

（2）纪律有什么特征？

（3）为什么要严格遵守纪律？

（4）假如纪律委员纵容了个别同学的违纪行为，应该如何处理？

（5）如何做好班级纪律管理？

践行感悟： _____

_____

_____

第二节　认识半军事化管理

【名言警句】

红军不怕远征难，万水千山只等闲。

————毛泽东

一个将军不可缺少的品质是刚毅。

————拿破仑

 【事例导入】

小倩从初中就开始接触网络，一开始是和同学一起去网吧上网聊一整天，后来可以用手机了，她就开始随时随地网聊，这种情况一直持续了3年。沉迷网络聊天让小倩的学习成绩一落千丈，精神状态和身体状态都越来越差，甚至被学校劝退，但她仍然对网络难以割舍，网瘾严重。

小倩的妈妈看在眼里，急在心里，几经劝说后，成功让小倩报读一所实行半军事化管理的中职学校，小倩开始了半封闭式的校园生活。该职业学校对学生的日常学习生活管理非常严格，作息时间都安排得非常紧凑，制定了明确的日程安排表，纪律非常严明，在早操、洗漱、内务、晨读、文化课、校园活动、宿舍熄灯时间、手机使用、网络使用等方面都有着严谨、科学的安排。

学校通过严明的纪律让同学们养成良好的行为习惯，同时开展各项校园文体活动、素质拓展训练充实学生生活。小倩在严格的管理下，没办法再一直网聊，平时宿舍有严格的上网时间，课堂上也有专门的手机放置袋和电子屏蔽仪，小倩无法经常上网，渐渐地也就开始把精力放到了学习上。在辅导员的引导下，她还参加了学校的排球社团，渐渐将注意力转移到了自己非常感兴趣的排球运动中，半年后，小倩在半军事化管理的学校教育下逐渐戒除了网瘾。

思考和判断：

半军事化管理对小倩戒除网瘾起到了什么作用？

半军事化管理，是相对于军事化管理来说的一种新型管理模式和不完全状态。主要是指管理者根据军队纪律和部队要求，建立规章制度和纪律条例，去组织和约束被管理者，但是在管理的过程中并不完全呈现僵化和强硬的状态，并不需要一切都参照军队制度来发出命令和要求。

职业院校采取的半军事化管理模式，主要是通过效仿军事单位的管理制度和管理方式，将学校的学生管理工作、育人工作和军人精神、军营作风、军队纪律相结合，制定出一系列具体严密的作息安排，包括起床时间、早操时间、早晚修时间、上课时间、三餐时间、熄灯时间等，都纳入严格的纪律管理制度和考核制度。参照中国人民解放军的相关条例，对职业院校学生进行有序管理，制定课堂学习纪律、宿舍管理制度、值日卫生制度、奖惩制度、纪律处分规定等。将严格约束和说服教育相结合，将紧密管控和日常疏导相结合，引导学生自主管理，充分发挥主观能动性，让学生自觉遵守学校管理制度，同时做到自我教育、自我管理、自我约束。总的来说，半军事化管理是对学生日常行为进行严格规范，使学生在管理制度下养成令行禁止的行为习惯，但不是对学生单纯地进行限制和管控。

职业院校的半军事化管理模式具有鲜明的特点：一是强调和坚持正确的政治站位。将军人精神、军人纪律和军营作风融入同学们的学校日常生活当中，有利于同学们树立正确的理想信念和"三观"，养成坚忍不拔的意志、正直勇敢的性格和优良品质，为党和国家输送人才；二是管理制度严谨、规范。因为是参照军事条例，所以学校建章立制均具有纪律严明的特点，有利于同学们在科学的制度约束下养成良好的学习和生活习惯，为今后的就业、人生发展等奠定基础。

在职业院校采用半军事化管理模式，归根结底是为了帮助同学们养成听从指挥、吃苦耐劳、不畏困难的优良作风和良好的言行习惯，使学生在校期间能够感受到制度的约束和规范自身言行，坚定正确政治方向，把军队纪律和军人精神融入自己的血液，同时学会自我约束和自我管理，在走出校门踏入社会之后仍然能够不忘严纪的重要性，时刻记得修身律己。

【案例探析】

　　广东某职业学院的二级学院中德建筑技术学院，在刚成立的时候就建章立制，实施《中德建筑技术学院半军事化管理方案细则》和《中德建筑技术学院奖惩细则》，对学生实行半军事化管理，目的在于提升学生的职业素质，使学生能够更快更好地适应社会的需求。

　　中德建筑技术学院在学生管理上严格践行"五不"原则：不旷课、不迟到、不早退、不晚归、不晚睡。为了加强学生的令行禁止养成教育，中德建筑技术学院全体学生在辅导员的带领下，每天早上7：30进行早集合的活动。为了加强学生对正确价值观的学习和领悟，辅导员每天早上带领学生进行一次集体宣誓，如图2-2所示。目的是通过长期的宣誓活动，让学生更好地领悟到正确价值观的真谛，在学习和生活中能够自觉地践行正确价值观。

图2-2　集体宣誓

　　想一想：

　　案例中辅导员组织的早集合宣誓活动能否体现半军事化管理？

　　评一评：

　　辅导员组织的早集合宣誓是一项贴合学校半军事化管理的活动。践行早集合活动，是思想教育和素质教育的一种创新模式，通过约束管理和制定作息安排，让同学们遵照纪律参与到活动中，从而在活动中提高自身素质，树立正确的价值观。半军事化管理的目的在于帮助同学们养成令行禁止、严纪律、守规矩的良好行为习惯。

 **【活动体验】**

半军事化管理主题辩论赛

活动目的：加深对半军事化管理的思考。

活动内容：请围绕以下主题在班级内开展一场辩论赛。辩论赛后将正反双方的内容进行整理总结，每位同学谈谈自己的心得体会，最后由学校相关领导或者负责人、辅导员进行总结发言，旨在引导同学们理解学校实施半军事化管理的意义，认识到严纪的重要性和必要性，从而自觉遵守学校规章制度，养成良好的学习生活习惯。

正方：职业学校实施半军事化管理利大于弊。

反方：职业学校实施半军事化管理弊大于利。

践行感悟： _____

_____

_____

第三节　认识学校严纪要求

【名言警句】

要有必要的清规戒律。

——毛泽东

从心所欲不逾矩。

——孔子

 【事例导入】

茂名市某企业骨干吴某某，先后获得"中央企业知识型先进职工""广东省南粤工匠""广东好人""广东省技术能手"等荣誉。吴某某毕业于一所职业院校，他坦言自己成功的秘诀在于学校的严纪要求和培养。严格的上课纪律有利于他专注于学习专业技能：上课不迟到早退，课上认真听讲，积极参与讨论。在严格的课堂纪律上，他学到了一辈子受用的专业技能。严明的宿舍纪律培养了他良好的生活习惯：按时作息的宿舍制度，培养了他的规律作息；个人生活用品摆放整齐，培养了他良好的个人卫生习惯；舍友之间交流互助，使他有了良好的人际关系。严格的就餐纪律使他拥有了健康的体魄：按时吃饭、践行"光盘行动"，使他身体健康；排队就餐、安静入座，培养了他文明的餐桌礼仪；餐后收拾自己的台面，培养了他高度的责任感。严格的实验操作纪律培养了他对工作精益求精的精神，为他在以后工作中承担技能攻关、技术创新、技艺传承、技能推广等重任奠定了基础；同时也培养了他勤问勤跑的工作习惯，凭借着这"笨功夫"的劲头，吴某某练就了一身"望闻问切"的好本领，哪台设备最娇气，哪台设备最古怪，他早就摸得透透的，总能让装置隐患无处藏身。他摸索出的操作方法，在行业中广泛推广。吴某某说正是学校严纪的要求使他养成了良好的品质，从而在工作上有较好的表现。他参与主导的重大科技攻关项目有十多项，争创效益5000多万元。以他的名字命名的"吴某某技能大师工作室"，正朝着国家级水平工作室的目标奋进。

思考和判断：

（1）学校的严纪要求对吴某某成长成才起了什么样的作用？

（2）这个事例给我们什么启示？

一、严守纪律的重要性

学校的纪律是为了维持学校正常的教学工作和生活秩序，使学校的教育管理工作规范化、秩序化，同时也为了给广大学生创造一个良好的成才环境，培养学生良好的行为习惯，促进学生德智体诸方面发展而制定的，是每一个学生必须了解和必须遵守的行为准则，如图2-3所示。同时，学校的纪律教育也非常重要，学校应进一步完善各种规章制度，加大校园秩序的管理力度，创造良好的学习、生活环境，促进学生良好习惯的养成，最终使同学们把纪律约束变为一种自觉的行为，把自觉的行为习惯升华为一种文明素养。

> **概念链接**
>
> 严纪要求：对职业院校学生遵守规则、制度的严格要求，主要体现在制定科学的规章制度和对职业院校学生进行严格的日常管理。

图2-3　学生行为准则

严纪故事

冼夫人秉公严纪

周恩来总理曾称颂冼夫人为"中国巾帼英雄第一人"。冼夫人（约512—602年）（见图2-4），南北朝时期高凉郡（今广东茂名一带）人，是岭南俚族（百越的一支）杰出的政治领袖。她出身于首领世家，"幼贤明，多筹略"，善于"抚循部众，能行军用师，压服诸越"，从青年时代起就是一个卓越不凡的领袖人物。她常规劝亲族为善，以"信义结于本乡"，且秉公处事，不徇私情，因而在乡里很有威信，深得当地百姓拥护和爱戴。梁大同元年（535年），冼夫人23岁时，罗州刺史冯融闻冼夫人有才识，便让其子高凉太守冯宝娶其为妻。冯融原为北燕苗裔，其先祖冯业率众浮海南来，定居新会，历任牧守，三传至冯融。由于是外族人，所以冯宝一直不为高凉人所信服。冼夫人到后，诚约本族尊重当地风俗习惯。每当她与冯宝处理诉讼案时，对本族犯法的人，也是依法办事，不徇私情。这样，冯氏在当地的威信便建立起来了，"自此政令有序，人莫敢违"。

图2-4　冼夫人像

二、如何做到严守纪律

作为学生，我们的主要任务是学习，在校期间必须按时参加教学计划规定和学校统一安排组织的教学活动。注意课堂礼仪，遵守课堂纪律，认真听课，不迟到、不早退、不旷课；尊敬师长，勤奋学习，认真参加每一项活动。校园是学习、生活的重要场所。为维护校园的正常秩序，创造整洁、优美、安静、安全的学习、生活环境，学校制定了相应的规章、制度、条例等，这是对学生行为的规范。我们必须严格遵守校内的纪律，爱护公共财物，讲文明，注意公共卫生，不做违法乱纪的事，树立良好的道德风尚。

因此，我们应该认真学习、掌握这些道德规范，把它内化为自己的道德需求，转化为自己的自觉行动，这是行为自律的深刻含义之一。

 **【案例探析】**

某职业学院学生小明，从繁忙的高中升到相对自由的大学，对自己的要求也放松了，上课经常迟到早退，班干部和辅导员警告之后仍然我行我素。上课期间他经常玩手机，不参与课堂的讨论。小明觉得自己来职业学院就是为了拿毕业证，学不学到真本领不重要。在宿舍，小明不整理自己的生活用品，桌面和床上都是乱糟糟的，而且还喜欢玩游戏，经常玩到很晚，影响室友休息。室友几次提醒，小明仍然我行我素，室友逐渐对小明产生厌烦情绪，与小明的交流越来越少，为此小明也非常苦恼。更糟糕的是，期末考试小明有几门科目成绩都是不及格，再加上和室友的关系不好，小明就产生了极强的挫败感。在就餐方面，小明觉得学校饭堂的饭菜不好吃，而且在饭堂要排队打饭，小明觉得不耐烦。于是小明选择到外面买快餐回宿舍吃。尽管小明知道买快餐回宿舍吃是违反学校规章制度的，但为了吃得香又不用排队等候，小明仍继续违反校规偷偷买快餐回宿舍吃。在一次学校体检中，小明被查出感染甲肝病毒，感染甲肝病毒的主要原因是经常吃没有卫生保证的快餐。

想一想：

小明在职业学院中的行为正确吗？他做到严守职业院校纪律了吗？

评一评：

案例中小明的做法是不值得大家学习的，大学与高中相比具有一定的开放性和自由性，进入大学后没有父母、老师在旁边监督，容易迷失自我。因此我们需要提高自己的自觉性和自控能力。当不知如何约束自己的行为时，学校的规章制度就可以作为我们的行为准则。

 **【活动体验】**

学校规章制度调查

活动目的：加深对管理制度化的认识。

活动内容：分小组在校园中利用各种方法，到教学楼、图书馆、食堂、资料室等地方，查找学校关于学习、生活等方面的规章制度，并针对以下问题开展讨论：

（1）这些规章制度对我们有什么影响？

（2）学校建立各种规章制度的目的是什么？

（3）平常我们都能按照规章制度的要求学习、生活吗？

践行感悟： _____

_____

_____

明规矩　严守纪

第二篇

第三章　信仰行为半军事化，
严守政治纪律

【导语】

　　习近平总书记深刻指出，政治纪律和政治规矩是党最根本、最重要的纪律。新时代职业院校学生严守政治纪律，关键要做到坚定马克思主义立场，牢记全心全意为人民服务的宗旨，在实际行动中践行信仰，不断彰显信仰的力量。在思想方面，要通过学习军人马克思主义信仰、军人刻苦训练的精神和军人革命英雄主义精神，做到远离邪教迷信，坚定政治立场。在言谈举止方面，要通过学习军人对党忠诚的态度、军人严格自律的精神和军人爱国奉献的精神，做到言谈举止严谨，把握政治方向纪律。在行为方面，要学习军人的高尚品德和军人的坚强意志，做到规范网络行为，严守政治行动纪律；同时，要积极向党组织靠拢，树立正确政治纪律观。

第一节　远离邪教迷信，坚定政治立场

【名言警句】

> 政治纪律是打头、管总的。实际上你违反哪方面的纪律，最终都会侵蚀党的执政基础，说到底都是破坏党的政治纪律。
>
> ——习近平
>
> 政治敏锐性是对意识形态领域最基本的要求，决不能在这方面犯错误。
>
> ——习近平

 **【事例导入】**

　　陈果，原来是中央音乐学院琵琶专业的一名大学生。在老师眼里，陈果是一个具有超常音乐天赋、对音乐有特殊领悟力和感受力的女孩，曾经作为琵琶独奏演员被选入中央电视台银河少年艺术团，在国内外比赛中均获得了不俗的成绩；在妈妈眼里，陈果是一个乖巧听话、孝顺、很有毅力、音乐感很强的女孩；在同学眼里，陈果是一个乐于助人、勤于学习、活泼开朗的好学生。但这一切都毁于那场腾腾燃烧的邪恶之火：2001年1月23日，新世纪第一个春节的除夕，为了"圆满"的空想，陈果等7位"法轮功"痴迷人员，听信邪教的蛊惑，点燃手中的死亡之火，终使鲜活的青春褪去希望之彩。曾经柔润的双手再也弹不出悦耳的琴声；曾经充满青春活力的容颜，布满了烧伤的疤痕。

　　若无邪教，陈果的青春会是美好的。惋惜之余，人们也对邪教更加痛恨。正如陈果自己所说：自从练习上"法轮功"，从小活泼开朗的自己变得越来越内向孤僻，除了与所谓的功友交流学"法"外，生活中再不和谁沟通了。

思考和判断：

（1）如果陈果拥有远大的理想信念，树立社会责任感，她还会被邪教迷惑吗？

（2）陈果做到坚定政治立场了吗？

作为职业院校学生，我们要坚定马克思主义信仰，树立报国理想，形成社会责任感，远离邪教迷信，坚定政治立场，避免出现上述事例中的悲剧。

一、学习军人马克思主义信仰，树立报国理想

理想信仰缺失是像陈果这样的学生痴迷邪教的主要原因。学生理想信仰缺失表现为生活没有目的或计划，生活空虚，得过且过，遇到事情容易埋怨，受到挫折容易气馁。理想信仰缺失的学生容易沉迷网络，在网络世界中寻找精神寄托，也容易受社会不良现象或不良人物如邪教人物的误导，进而相信并痴迷邪教。

理想信仰能引导我们为美好的生活积极奋斗，激发我们积极向善、向上的生活态度。职业院校半军事化管理为我们树立崇高理想信仰创造了物质和精神条件，军人全心全意为人民服务的信念为我们树立了榜样，帮助我们学会做人、做事，引导我们为实现自身价值而奋斗，从而树立崇高的理想信仰。

军人全心全意为人民服务的信念为国家的强大做出了突出的贡献，军人也收获一种积极向上、有意义的生活方式，实现了个人的理想价值。我们应向军人学习，坚定马克思主义信仰，以马克思主义理论武装头脑，树立报国理想，像军人那样坚

概念链接

迷信：迷信是在主导信仰之外，对天、对神灵、对鬼魅、对占卜命运的巫术等的崇信。迷信是人们缺乏科学文化知识而对自然、社会和人自身不能正确认识，在无法抵御的困难和灾害面前祈求超自然力帮助而造成的。

邪教：邪教是迷信发展或突变的极端形式。迷信的膜拜对象运用宗教术语予以解说，通过一定的组织手段予以保障，对痴迷者施以精神控制来达到对教主的崇拜与顺从时，迷信便走向了邪教。

政治立场：人民立场是中国共产党的根本政治立场。职业院校学生坚定政治立场要做到坚定马克思主义信仰，爱国，树立社会责任感，远离邪教。

决站稳政治立场，忠诚于党，增强政治意识，做到远离邪教，坚定政治立场。具体做法如下：一是以军人坚定的马克思主义唯物观观察和体会生活，坚决做到不信邪教和不参与邪教活动，彻底远离邪教。我们应以军队纪律要求自己，参加学校安排的课堂教学活动和学院组织的社团活动。以学习专业知识和参加社团活动充实自己的职业院校学习生活，做到不沉迷网络虚拟世界，不相信邪教虚幻世界，以马克思主义唯物观指导生活。二是以军人勇于投身祖国建设的热情，积极参加社会实践活动，在社会实践中了解民情，体察民意，激发自己树立为人民服务的崇高理想。例如某职业院校学生小王，在参加以"国家资助与助学贷款政策下乡行"为主题的暑假社会实践活动中，通过入村入户、义务帮扶干农活和义务支教等活动宣传国家资助政策。在活动中，他深刻体会到经济困难家庭生活的艰辛、留守儿童对读书的渴望和运用所学知识服务基层的重要性。返校后，小王更加刻苦学习，他立志要学有所成，毕业后服务基层。

二、以军人刻苦训练的精神，学习科学文化知识

邪教迷信是伪科学，大部分邪教迷信者是因为缺乏科学文化知识的指导，不能用科学知识正确地理解生活中遇到的挫折和迷茫，因此很容易被邪教迷信误导，进而深信和沉溺于邪教迷信。

科学文化知识能引导我们正确地看待和克服生活中的迷茫和挫折，教会我们辨别生活中的是非对错，有利于让我们认清邪教迷信的本质和危害，引导我们追求向上向善的生活，远离邪教迷信。

军人刻苦训练的精神表现在为完成训练任务忍受风吹雨打和在烈日下暴晒的煎熬，不达目的不罢休。我们应以军人刻苦训练的精神学习科学文化知识，这样才能有效克服学习过程中遇到的困难，沉浸在科学文化知识的海洋中。科学文化知识能帮助我们辨别邪教迷信，自觉做到远离邪教迷信。具体做法有：①以军人刻苦训练的高度自觉投入学校安排的教学活动中。严格做到不迟到、不早退。以饱满的精神状态投入课堂教学和讨论中，在课堂上最大限度地吸收专业知识。②以军人刻苦训练的高要求积极参加各类专业技能大赛，提高专业实操水平。通过参加各类专业技能大赛，我们能最大限度地运用专业知识解决实际的困难，激发主观能动性解决问题，在大赛中巩固专业知识，增长本领，体会专业知识的作用。以赛促学，我们可

以通过大赛更加深入地钻研专业知识，掌握扎实的专业本领。

三、学习军人革命英雄主义精神，正确对待挫折

进入职业院校学习后，自我支配时间增多，课外活动也比高中更加丰富多彩，然而在面对学业、情感和父母期待时，也可能会遇到挫折。部分学生因生活中的挫折，陷入迷茫和失落的困境，在挫折的泥潭越陷越深，学习生活没有动力，精神空虚，容易相信邪教迷信，进而相信邪教迷信能帮助其脱离困境，从而走入邪教迷信的泥潭。

军人革命英雄主义精神体现在面对凶猛的敌人时，表现出英勇顽强的气概，展现敢打必胜，压倒一切敌人和困难的决心。军人革命英雄主义精神有利于激发同学们勇敢面对挫折，永不气馁的精神，促使同学们主动寻找方法克服困难，在挫折中变得坚强勇敢，在挫折中成长成才。

我们应以军人革命英雄主义精神正确对待学习生活中的挫折。具体做法如下：一是以军人英勇顽强面对敌人的精神面对学习生活中的挫折。职业院校学生应以军人打仗必须面对敌人的心态，意识到挫折是我们必须面对的必修课。在进入职业院校后，我们应给自己打好预防针：一方面，我们已远离升学考试，紧张的学习节奏相对缓下来，在拥有个人相对较多自由时间的同时，应对自己的学习和实践生活做合理的规划，避免因无所适从导致生活空虚；另一方面，我们可能会面临个人情感问题和人际交往问题，应以军人面对敌人时的淡然心态来面对情感和交往上的挫折。二是以军人敢打必胜，压倒一切敌人和困难的决心去克服学习生活上的挫折。一方面，在面对挫折时，我们应主动寻找方法去克服困难，可向师兄师姐、老师或辅导员等有经验的人士请教，以便快速有效地找到解决方法。另一方面，在挫折来临时，我们更要学习军人严格的生活作息，形成健康生活方式。遭遇挫折时，人的心境往往是低沉的，这个时候严格的生活作息可保证我们精力充沛，生活充实。规律的生活作息也有利于我们走出低落的心境，恢复正常生活，缓解精神空虚的情况，远离邪教迷信。

【案例探析】

　　出生在茂名化州长岐镇西塘村的李述龙，中学毕业后考上广东省立勤勤大学（现已并入其他大学），1948年移居香港，一直从事教育工作。他任职香岛中学校长34年，任校监10年，桃李满天下。他热心爱国爱港社团工作，曾当选港区全国人大代表，后任广东省政协委员，是茂名旅港同乡中爱国爱乡的杰出人物，是政治立场坚定的典范。

　　1948年8月李述龙大学毕业，党组织派他前往香港香岛中学从事爱国教育工作。李述龙按照党组织的安排，在香岛中学对学生进行爱国思想教育。他在香港40多年，培养了大批爱国进步青年。

　　李述龙桑梓情深，在香港同乡社团重要的活动中都可以见到他的身影。他与同乡一道筹建同乡社团，出钱出力组建化州旅港同乡会和茂名市旅港同乡总会，并担任名誉会长。他在旅港同乡中宣传爱国爱乡的思想，推动有经济实力的同乡回国回乡投资办企业、捐资办公益。

　　李述龙在香港教育界有着崇高的声望，1980年他把香港爱国的学校和学校爱国人士组织起来，创办香港教育工作者联合会，并任副会长。他以教育工作者联合会作为阵地，号召教育工作者宣传爱国主义，宣传祖国建设成就，参加爱国爱港活动。李述龙的爱国热情鼓舞了香港教育界和旅港同乡为祖国建设贡献力量，同时也得到了广大爱国同胞的支持。20世纪70年代，李述龙连续两届当选港区全国人大代表，20世纪80年代担任港区全国政协委员。他在担任代表和委员期间，积极联系旅港同乡和各界人士，为广东的建设提出了不少建议，写了不少提案，为家乡的发展做出了很大的贡献。

{资料来源：梁基毅. 桑梓情怀赤子心[EB/OL]. （2019-01-15）[2020-10-04]. http://www.mm111.net/cnws/p/367203.html. }

想一想：
李述龙的事迹如何体现出他坚定的政治立场？这个案例给我们什么启示？

评一评：
本案例中的名人李述龙通过培养爱国进步青年、推动有经济实力的同乡回国回乡投资办企业、捐资办公益和号召教育工作者宣传爱国主义，宣传祖国建设成就，参加爱国爱港活动等实际行动，体现出他坚定的政治立场。职业院校学生应以李述龙坚守政治立场为榜样，从现在做起，从一点一滴做起，任何时候都要坚守政治立场。

 【活动体验】

观电影，谈感悟

活动目的：加深对坚定革命信念的理解。

活动内容：请同学们观看《建党伟业》《建军大业》《建国大业》等影片，讨论在最艰难困苦的时期，革命先驱是如何坚定信念，投入轰轰烈烈的革命建设浪潮中的。观影结束后写下自己的观后感。

践行感悟：＿＿＿＿＿＿＿＿＿＿＿＿＿＿＿＿＿＿＿＿＿＿＿＿＿＿＿

＿＿＿＿＿＿＿＿＿＿＿＿＿＿＿＿＿＿＿＿＿＿＿＿＿＿＿＿＿＿＿＿＿

＿＿＿＿＿＿＿＿＿＿＿＿＿＿＿＿＿＿＿＿＿＿＿＿＿＿＿＿＿＿＿＿＿

第二节　严谨言谈举止，把握政治方向纪律

【名言警句】

> 君子食无求饱，居无求安，敏于事而慎于言，就有道而正焉，可谓好学也已。
>
> ——《论语》
>
> 不忘初心，牢记使命。
>
> ——习近平

【事例导入】

　　一个网名叫"洁洁良"的女生在微博上引起众怒了。起因是美国漫威漫画公司来中国做宣传活动，漫威粉丝在活动现场留下大量垃圾，事情被媒体报道后，"洁洁良"竟公开发表了一些辱华言论。

　　经了解，"洁洁良"成绩优异，是一名党员。由其母校公开新闻得知，"洁洁良"本科就读于某师范大学，担任所在学院学生会副主席，是学院内第一批发展入党的党员，曾被评为市三好学生，曾获国家级奖学金、校级奖学金共15项，荣誉称号共12项。"洁洁良"的履历，可以说是很光鲜了。由于优秀的表现，"洁洁良"在本科毕业后被保送到厦门大学攻读硕士学位，还在厦门大学担任2015级硕士生第三党支部书记。"洁洁良"在厦门大学读研期间，又被保送攻读本校博士学位。

　　厦门大学素有爱国传统，校主爱国华侨陈嘉庚先生曾为抗日筹集资金，四处奔走。而如今，在这位抗日华侨创立的大学里，居然出现了这样一名身为党员却满口辱华言论的人，令人感到痛心。厦门大学也通过官方微博发出回应，表示将严肃处理。

思考和判断：

（1）"洁洁良"的言论正确吗？

（2）"洁洁良"做到把握政治方向纪律了吗？

作为学生，我们的言谈举止要严谨，把握政治方向纪律，避免出现像"洁洁良"发表不当言论造成恶劣社会影响的不良现象。我们要以军队的严整风纪严格要求自己，养成对党忠诚、规范言行举止的习惯。那我们应该怎么做，才能做到严谨言谈举止，把握政治方向纪律呢？

一、学习军人对党忠诚的态度，言谈举止坚持正确的政治方向

如果缺乏政治意识和爱国爱党意识，就很容易出现不适当的言论和行为。大学生"洁洁良"发表不当言论就是因为其缺乏对党的忠诚，在思想上没有同党中央保持一致，言谈举止没有做到坚持正确的政治方向。

对党忠诚，是我军与生俱来的红色基因和血脉传承，是我军所向披靡的克敌法宝和胜利之本，是党员党性纯洁的生动体现和终极本色，是改革强军的原生动力和巨大引擎。

战争年代，面临血与火的考验，对党忠诚，最直接、最庄严的体现就是不怕牺牲、视死如归。和平时期，对党忠诚面临的情况更为复杂。只有经得起各种考验，才能算得上真正意义上的对党忠诚。对党忠诚绝不是只挂在嘴上，而是深入到骨子里，落实到行动上。能不能切实做到与党政治上高度一致、思想上高度认同、心理上高度依赖、情感上高度融合、行动上高度自觉，是检验是否对党忠诚的至关重要的试金石。

我们要学习军人对党忠诚的态度，学习军人坚定的信念，自觉贯彻党的基本理论、基本路线和基本方略，言谈举止坚持正确的政治方向。具体做法如下：①对党忠诚就要在内心深处把党置于一种无比崇高的、神圣不可侵犯的地位，把自己的命运和党的命运紧紧联系在一起，在党爱党、在党言党、在党忧党、在党为党，不断强化对党的认同感、归属感，像珍惜自己的生命一样珍惜党的威望和形象，维护党的尊严和威信。在生活、学习中，我们应积极参加学校组织的党组织和社团活动，在活动中提高自己为同学、学校和社会服务的意识，养成爱班级、爱学校、爱社会

和爱党的情感，把对党的忠诚落实到具体行动中，不断养成自己的家国情怀。②对党忠诚要做到政治上保持清醒坚定。不听信、不传播别有用心人士抹黑党的负面信息，不参与违反党的路线方针的集会游行。

二、以军队的严整风纪自律，形成文明的言谈举止

学习军队严整军容风纪，学习军人对内对外的礼节，让规范标准的军人礼仪内化于心、外化于行，养成高度自律的行为，形成文明的言谈举止。大学生"洁洁良"发表不当言论的部分原因是缺乏敬畏之心，没有注意自身的言谈举止修养。

三、学习军人的爱国奉献精神，言谈举止体现民族自信心和自豪感

大学生"洁洁良"一边享受着优秀党员、保研保博和国家奖学金的优厚待遇，一边发表对党和国家的不当言论，部分原因是受到了不良思想的影响。我们应学习军人爱国奉献和热爱祖国的精神，学习军人全心全意为人民服务的思想，个人利益服从国家、民族的根本利益，学习军人的言行举止，体现强烈的民族自尊心、自信心和自豪感，做到严谨言谈举止，把握政治方向纪律。

【案例探析】

茂名市电白县委书记王占鳌（如图3-1所示），始终与电白人民同甘共苦，事必躬亲，兢兢业业，任劳任怨，艰苦奋斗，为电白的水利建设、造林绿化、公共卫生、公路交通、农业生产发展和改变贫穷落后面貌创下了不朽的业绩。

1952年，上任伊始的王占鳌面对电白的穷山恶水，下决心抓好两件大事：一是造林绿化，二是兴修水利。

中华人民共和国成立之前，电白人民过着"风来沙尘遮天日，多少良田变沙滩。一日三餐无米煮，只好携子去逃荒"的凄惨生活。1954年春，县委书记王占鳌部署全县沿海81千米沙质海岸线的造林治沙工作，首先

图3-1　王占鳌

选择博贺作为突破口。王占鳌总结博贺以往的成功经验，发动沿海15万名群众植树造林。至1960年，电白沿海造林面积达4万亩①，成功营造出一条绵延81千米长的海岸防护林带。

1949年之前，电白水利设施极少，导致旱涝灾害频发。为了根治干旱，1957年，王占鳌谋划组织制订了《电白县1958年至1960年水利建设规划》，在全县范围打响了规模空前、气壮山河的兴修水利战役。

罗坑水库是电白水利建设的重中之重。罗坑水库开始施工时，王占鳌带领县委一班人吃住在工地，既当指挥员又当战斗员。年近花甲的他常迎着呼呼的北风，迎着滚滚寒流，脱下棉衣和鞋袜，含上姜片，跳进清基的泥潭，在齐膝的冻土里挖泥。干部和工人看到王占鳌书记身先士卒，也被激起了奋斗的热情。就这样，几百人轮番上阵，夜以继日，不畏严寒，终于在春节前完成了清基任务，仅用了半年时间，罗坑水库主坝合拢。时至今日，罗坑水库中清澈的水，仍然浇灌着电白大地，润泽千家万户。

{资料来源：黄华. 王占鳌：电白人民心中的一座丰碑[EB/OL]. （2019-05-06）[2020-10-04]. https：//www.sohu.com/a/312043688_120027878.}

想一想：

王占鳌的事迹如何体现出军人严整风纪的精神？这个案例给我们什么启示？

评一评：

本案例中的王占鳌书记始终与电白人民同甘共苦，事必躬亲，兢兢业业，任劳任怨，艰苦奋斗，为电白的水利建设、造林绿化、公共卫生、公路交通、农业生产发展和改变贫穷落后面貌创下不朽的业绩，体现出军人严整风纪的精神，是严守政治方向纪律的榜样。职业院校学生应以他为榜样，以军人严整风纪的精神自律，做到严谨言谈举止，把握政治方向纪律。

【活动体验】

政治纪律专题讨论会

活动目的：加强对政治方向纪律的认识。

———————

① 1亩 ≈ 667平方米。

活动内容：请围绕以下主题在班级内开展一场讨论会，分组通过PPT汇报展示成果。

（1）如何学习军人严整风纪的精神达成自律？

（2）讲述你身边坚守政治方向纪律的人或事。

（3）做到严谨言谈举止，把握政治方向纪律对我们有什么好处？

践行感悟： _____

_____

_____

第三节　规范网络行为，严守政治行动纪律

【名言警句】

> 没有网络安全就没有国家安全。
>
> ——习近平

 【事例导入】

2006年8月，网络上广泛传播一个名为《XXX洗浴中心被驻石某部砸毁》的帖子。据了解，该帖的主要内容是：驻石某部部队长与好友到石家庄市XXX洗浴中心喝茶时，因不小心打碎茶杯，遭洗浴中心工作人员敲诈，驻石某部部队长一怒之下调集所属部队的官兵，将洗浴中心的设备砸毁。该帖引起社会广泛关注，且有愈演愈烈之势，甚至国外网站也有转载。

公安机关立即介入调查，最终发现该帖是石家庄市所辖鹿泉市一个叫姬某某的人以"长江750"的网名在某论坛上发表的。公安机关进一步调查XXX洗浴中心的工作人员及周围商户，查验110接警记录，均证明该帖子内容纯属谣言。姬某某在接受警方调查时称，此帖非他所发，可能是别人盗用了自己的账号和密码所发。

驻石某部政治部副主任和保卫处处长对记者表示，鉴于谣言影响面非常广，已对驻石某部部队及部队长个人造成极为恶劣的社会影响，降低了社会对军人的公正评价，严重损害了部队的名誉和荣誉，必须对造谣者予以追究，网络不是法外之地，军人的荣誉也不容玷污。最后姬某某被驻石某部及部队长个人向法院提起名誉侵权的民事诉讼，驻石某部及部队长个人请求法院依法追究姬某某的侵权行为造成原告名誉受损的法律责任。

思考与判断：

（1）从姬某某因造谣被追究法律责任这个事例中，我们能得到什么教训？

（2）在网络行为中，我们应该怎样践行政治行动纪律？

作为学生，在互联网高速发展的新时代中，如何正确、健康地使用网络，更好地规范网络行为，践行政治行动纪律，避免出现在网络中恶意侮辱、诋毁民族英雄，损害英雄烈士荣誉的行为呢？我们要如何学习军人精神，做到规范网络行为，践行政治行动纪律呢？

> **概念链接**
>
> 网络行为：网络行为就是人们在互联网上的一切行为。每个人都应正确、健康地使用网络，规范网络行为。
>
> 政治行动：严守党的政治纪律和政治规矩，以实际行动践行对党绝对忠诚。职业院校学生应以军人的坚强意志严格规范自身网络行为，践行政治行动纪律。

一、学习军人高尚品德，树立社会主义核心价值观

我们应学习革命军人"牺牲我一个，幸福十亿人"的为国献身品德及新时代军人"把助人为乐变成生活习惯"的为国奉献品德，切实把爱国精神内化于心、外化于行，树立社会主义核心价值观。在网络中"恶搞"、调侃，乃至丑化、滑稽化英雄先烈和历史人物的形象，贬损英雄人物的名誉，削弱他们的精神价值，进而瓦解当代中国社会主义核心价值观，这些举动违反了我党严禁诋毁、污蔑党和国家领导人、英雄模范以及严禁歪曲历史的政治纪律。英雄人物的事迹、形象和精神价值，已经成为中华民族共同记忆和民族感情的一部分，它们对当代中国具有不可替代的伟大意义，并由此构成我国社会主义核心价值观的重要组成部分。周围的人的一言一行、一举一动，对其他社会成员有着潜移默化的影响，在一定程度上影响着周围的人对社会主义核心价值体系的认同。我们要懂得自觉用社会主义核心价值观指导主观世界的改造，加强个人思想品德修养，带头弘扬以爱国主义为核心的民族精神和以改革创新为核心的时代精神，树立正确的世界观、人生观、价值观。在网络中，我们要维护国家和民族利益，不得妄议历史已经做出的正确评价和结论，要尊重和崇尚英雄、捍卫英雄形象、学习英雄精神、关爱英雄，树立社会主义核心价值观，严守政治行动纪律。

二、学习军人的坚强意志，严格规范网络行为

"狭路相逢勇者胜"的"亮剑"精神深深地影响了一代又一代的军人，体现出一种勇气，一种魄力。这是面对比自己强大百倍的敌人，仍然不惧而拔刀相向的无畏精神。历史证明，如果军人缺乏坚定的意志，缺乏强大的心理素质，将不能发挥最佳的能力和保持积极的状态。因此，磨炼坚定的意志，形成勇敢、坚强、自律等优秀的心理素质，有助于军人增强对困难的承受能力，来保证战斗胜利。同样的道理，在面对网络带来的形形色色的诱惑时，我们要学习军人克服困难的坚定意志，更好地规范自己的网络行为。我们应抓住利刃的柄，更好地为自己所用。我们应学习军人不管流多少汗，不管多苦多累，都始终以昂扬的姿态面对困难的坚定意志，用敢于吃苦、勇于拼搏，发扬"流血流汗不流泪，掉皮掉肉不掉队"的军人精神规范网络行为。我们应文明上网，做到在网络上不制造、散布、传播政治谣言，不妄议中央大政方针，不传播反党、丑国音视频资料，不丑化党和国家形象，不诋毁污蔑党和国家领导人、英雄模范或者歪曲历史。以军人的坚定意志严格规范网络行为，践行政治行动纪律。

三、学习军人遵纪守法的精神，践行网络公约

国有国法，党有党纪，家有家规，到哪儿都要遵纪守法。毛泽东同志讲过，加强纪律性，革命无不胜。我们要学习军人遵纪守法的精神，严守法纪，严格约束自己的网络行为。俗话说："无规矩不成方圆。"国家为了规范青少年的网络行为，出台了《全国青少年网络文明公约》，内容包括：要善于网上学习，不浏览不良信息；要诚实友好交流，不侮辱欺诈他人；要增强自护意识，不随意约会网友；要维护网络安全，不破坏网络秩序；要有益身心健康，不沉溺虚拟时空。我们要以军人遵纪守法的精神践行公约，从现在开始学习网络道德规范，要懂得基本的对与错、是与非，增强网络道德意识，分清网上善恶美丑的界限，激发自身对美好网络生活的向往和追求，规范自身的网络行为。我们要争做网络安全的卫士，维护网络的正常运行秩序，促进网络健康发展，如图3-2所示。

图3-2　践行《全国青少年网络文明公约》

【案例探析】

北京某中学学生在内蒙古发生车祸，病情危急，需转诊至北京天坛医院。很快，一条名为《为生命接力》的帖子迅速在微博、微信朋友圈"刷屏"，帖子称希望广大司机朋友在相关时间和途经路段看到救援车队能够有序避让。

令人振奋的是，尽管学生的转运救援时间恰逢北京早高峰，但得益于全社会的共同努力，最终救援车队的抵达时间提前了两个半小时。

此次事件中，网友纷纷通过自己的方式进行"爱心接力"：通过微博、微信朋友圈等不时地转发相关文章。有的网友说："早晨我看到新闻后就已经在微博转发了，现在快中午了，我又转发了一遍，希望各位开私家车的朋友能注意避让。"还有的网友这样表示："昨天晚上我就被朋友圈'刷屏'了，所以今天我选择坐地铁上班。"

复旦大学网络空间治理研究中心主任沈逸表示，此类"爱心接力"事件的出现，说明网络正能量能够滋养和鼓舞人心，激励着全社会向上向善。

2018年2月，由国家互联网信息办公室指导，中国互联网发展基金会主办，人民网、央视网、中国新闻网、中国青年网、环球网五家中央新闻网站承办的第三届"五个一百"网络正能量精品评选活动在北京启动。在新时代的号召下，借助互联网的有力传播，一大批传递正能量的社会榜样为我们带来了一个个催人泪下的故事，感染了众多向往美好生活的普通人。

{资料来源：栾雨石．"为生命接力"传播正能量 让网络温暖人心[EB/OL]．（2018-10-24）[2020-10-04]．http://media.people.com.cn/n1/2018/1024/c40606-30358709.html．}

想一想：

《为生命接力》的帖子迅速刷爆微博、微信朋友圈是规范的网络行为吗？这个案例给我们什么启示？

评一评：

本案例中借助网络传播《为生命接力》的帖子，一大批网友进行"爱心接力"，这种借助互联网传播社会主义核心价值观、传递正能量的网络行为是规范的网络行为，是严守政治行动纪律的榜样。职业院校学生应以传播网络正能量的行为为榜样，以军人的坚强意志严格规范网络行为，严守政治行动纪律。

【活动体验】

"网络安全" 小调查

活动目的：了解职业院校学生对网络安全的认识。

活动内容：请自行设计调查问卷，了解职业院校学生对网络安全的认识情况，明确存在的问题，并提出解决的方法。

践行感悟：_____

_____

_____

第四节　积极向党组织靠拢，树立正确政治纪律观

【名言警句】

不要过分地醉心于放任自由，一点也不加以限制的自由，它的害处与危险实在不少。

——克雷洛夫

我们现在必须完全保持党的纪律，否则一切都会陷入污泥中。

——马克思

 【事例导入】

　　小姚的爷爷是一名老党员，参加过抗日战争。小姚小时候就听爷爷讲中国共产党是如何带领全国人民推翻"三座大山"、抵抗侵略者，建立中华人民共和国的，甚至晚上做梦都会梦到自己成为一名共产党员，参与到激烈的运动中去。从小的耳濡目染在他幼小的心灵里种下了一颗成为共产党员的种子。随着年龄和阅历的增加，小姚对中国共产党有了更深入的认识和了解，种子也开始慢慢发芽，他立志成为一名中国共产党党员的愿望越来越强烈。小姚在初中的时候加入了中国共产主义青年团。刚上高中时，小姚就找到班主任请求加入中国共产党，班主任语重心长地说："你有这样的觉悟我们很高兴，但是现在你还没有达到入党的条件，等你以后上大学了就可以申请了。"小姚记下了班主任的话，为自己不了解入党的相关要求感到惭愧。

思考和判断：

你有考虑过入党这件事情吗？

我国的大中专学生是一个庞大的群体，这个群体的政治素养和纪律观念一定程度上影响着我们国家整体的稳定性和未来的发展方向。因此使职业院校学生树立正确的政治观念是目前职业教育中一个至关重要的任务。职业院校党团组织是党和国家紧密联系职业院校青年的枢纽，是向他们宣扬党的宗旨和决策的舞台，是提高他们的政治素养最有效的平台。为此，建设结构完整、目标明确、旗帜鲜明的党团组织刻不容缓。

事例导入中的小姚从小就受到熏陶，有一颗积极向党组织靠拢的心，却对党组织不是很了解，导致一度懊恼。下面我们一起来学习关于党组织、党风、党纪的一些基础知识。

一、对党基层组织的认识

党的基层组织是党全部工作和战斗力的基础。我们党团结带领全国各族人民取得的一切成就，都是同广大基层党组织和共产党员的不懈奋斗紧密联系在一起的。任何时候、任何情况下，我们都要高度重视并切实做好抓基层打基础的工作，不断提高基层党组织建设科学化水平。

基层党组织不仅是党团结群众、组织群众、贯彻党的路线方针政策的"客户端"，而且是党调查民意、赢得民心、紧密联系群众的桥梁和纽带。因此，必须以科学发展观为指导，从支部设置、班子建设、制度建设、教育管理等方面抓好基层党组织建设。

习近平总书记说，党建工作的难点在基层，亮点也在基层。要加强高校党的基层组织建设，创新体制机制，改进工作方式，提高党的基层组织做思想政治工作能

概念链接

入党积极分子：主要是指那些已经向党组织正式提出入党申请，经党小组(共青团员经团组织)推荐、支部委员会或支部大会研究确定作为发展对象进行有计划培养的人员。

预备党员：中国共产党的入党申请人在党课培训、学习、考核、《入党志愿书》审核通过后，才能正式进入预备期，这个阶段的党员称为预备党员。

党风：即党的作风，是政党的特征和精神风貌。

党纪：即党的纪律，是指政党按照一定的原则，根据党的性质、纲领、任务和实现党的路线、方针、政策的需要而确立的各种党规、党法的总称，是党的各级组织和全体党员必须遵守的行为规则。

力。要做好在高校教师和学生中发展党员工作，加强党员队伍教育管理，使每个师生党员都做到在党爱党、在党言党、在党为党。

二、如何通过党团建设强化校园纪律

1. 宣扬党的政策，弘扬先进思想

周恩来同志从小就立志"为中华崛起而读书"，后来积极投身轰轰烈烈的革命事业，成为一代伟人。由此可见，一个人的思想是非常重要的。我们要把加强青年的思想政治工作放在"党建带团建"工作的首要位置来抓，充分利用党团组织开展教育活动，使习近平总书记的讲话精神和党的政策方针进课堂、进教材、进头脑。同时充分借助现代网络技术，例如学习强国这个平台，宣传党的政策，弘扬先进思想。

2. 树立模范先锋，加强作风建设

发挥党员先锋模范作用，一带十，十带百，百带千。加强党的政治作风建设。"上者，民之表也。表正，则何物不正？"职业院校党团组织作风的好坏，会对整个校园产生截然不同的影响，好的作风，会对整个校园产生积极的凝聚和激励作用，反之，则会败坏党的形象。树立正确的政治纪律观，真正做到"立党为公树公心修浩然正气，执政为民听民声养鱼水情怀"，才能深刻理解践行习近平新时代中国特色社会主义思想，更好地为人民服务。

3. 组织活动，宣传校园纪律

设定每个学期的第十周为校园"纪律活动周"，党团组织要积极组织活动或者举办讲座让学校纪律走进学生心中。

【案例探析】

　　小明是某职业院校二年级的学生，由于表现积极，勇于担当，在新一届的换届大会上当选系学生会主席。刚刚当选的前几周内，小明有点飘飘然，在一声声"主席"中迷失了自己，觉得自己很了不起。有一天一个新招进来的干事称呼他一声"师兄"，小明听到后极为不悦，大发雷霆，认为这个学生不尊重自己，当时氛围极为尴尬，大家不欢而散。这件事情也在学校逐渐流传开来，辅导员听到这个消息后立刻察觉到小明的思想觉悟和纪律观出现了偏差，决定找小明谈心。小明来到办

公室时，辅导员立马站起来，毕恭毕敬地说"主席来了，快点请上坐"，同时端上了一杯热茶，双手递到小明面前。小明的脸瞬间红透了，他低下头认真地说："老师，我错了。当选学生会主席后，我骄傲自大，忘记了竞选时的誓言——遵守学生会的章程，履行学生会成员的义务，执行领导和组织的决定，严守学生会的纪律。以全心全意为同学们服务的宗旨，服务同学，服务学校。"辅导员和蔼地说："我们要牢记自己的初心，时刻以学校的规章制度来约束自己的言行，树立正确的纪律观。"

从那一刻起，小明转变了思想态度，那个积极向上、热心服务同学的小明又回来了。

想一想：

小明为什么会变得骄傲自大？最后那个热心服务同学的小明是怎么回来的？

评一评：

案例中的小明在当选为学生会主席后，变得骄傲自大，把自己当初的竞选誓言彻底抛到九霄云外。辅导员及时认识到问题的严重性，与其谈心，小明也认识到了自己的错误，并及时改正。作为新时代职业院校的学生会干部，应该树立正确的政治纪律观，要遵守学生会的规章制度，树立全心全意为同学服务的意识。参加工作后，也要树立全心全意为人民服务的精神。

习近平总书记在十八届中央政治局第五次集体学习时的讲话中提到：人民群众最痛恨各种消极腐败现象，最痛恨各种特权现象，这些现象对党同人民群众的血肉联系最具杀伤力。一个政党，一个政权，其前途和命运最终取决于人心向背。

如何提升我们的政治素养和纪律观，使之沿着正确的方向发展？我们可以采取以下措施：

1.强化理论学习，树立正确政治纪律观

我们只有不断地学习，才能不断地调整自己的价值观，使之与社会主义核心价值观同向而行，才能明辨是非善恶，才能把共产主义的理想情操和全心全意为人民服务的宗旨内化成自己的信念和行动，坚定理想信念。我们学习的方式也可以多种多样，如参加主题讲座、观看新闻、阅读报纸、关注共青团公众号平台文章、观看网络视频等。

2.向先进人物学习，吸取反面教训

如果我们没有过多的时间学习理论知识，那么最简单有效的方法就是向身边的模范和典范学习。我们要抱着一颗学习的心态向党组织靠拢。另外，我们可以通过观看贪污腐败等主题的警示片，时刻提醒自己不要触碰违法乱纪这根"高压线"。

 【活动体验】

"政治纪律" 专题讨论会

活动目的：加强对政治纪律的认识。

活动内容：请围绕以下主题在班级内开展一场讨论会或者辩论赛，分组通过PPT汇报展示成果。

（1）提高觉悟的方式、方法有哪些？

（2）现在我们党还需要警惕糖衣炮弹对我们的进攻吗？

（3）列举实例，说明在现实生活中我们应如何抵制各种诱惑。

践行感悟： _____

_____

_____

第四章　校园学习半军事化，
严守学习管理纪律

【导语】

学校，是教书育人、培养人才的场所，半军事化管理是将军队中的良好军人作风、军人精神和军人纪律有效地融入校园管理当中，有利于保障职业院校教学和生活的制度化，帮助我们改正散漫、懒惰等不良行为，减少违纪现象的发生。作为学生，要遵守学校的半军事化管理制度，做到令行禁止，遵守入学军训制度；守时专注，遵守课堂纪律；严格自律，遵守考试纪律；规范出入，遵守校门进出制度。半军事化的行为规范可以改善我们的学习态度和学习氛围，打造良好的精神面貌，为全面发展奠定坚实基础。

第一节　令行禁止，遵守入学军训制度

【名言警句】

令则行，禁则止，宪之所及，俗之所破。如百体之从心，政之所期也。

——《管子》

纪律是集体的面貌，集体的声音，集体的动作，集体的表情，集体的信念。

——马卡连柯

 【事例导入】

小明是某职业院校2018级的一名新生，入学后需要参加为期半个月的学校国防教育——军训，学习军队纪律和国防相关知识。军训期间天气非常炎热，但是同学们仍需要穿着厚重且密不透风的军装在炎炎烈日下进行军事训练。在军训中小明严格遵守各项规定，每天在炎热的天气下按规范动作的标准站军姿、正步走、原地踏步、齐步走等。由于表现出色，小明受到了教官和辅导员的表扬，并获得了"军训模范积极分子"的荣誉称号，小明因此感到非常自豪。

小明成为"军训模范积极分子"后，更加严格要求自己，但由于天气炎热出汗较多，再加上小明身体偏瘦、平时缺乏锻炼，没几天就患上感冒。按照军训中的管理规定，身体没有特殊原因是不能办理军训免训相关手续的，只允许小明请假，在队列旁边旁听。小明虽然身体有所不适，但他并没有因此懈怠，他对自身要求仍然非常严格，在身体可承受的范围内，每时每刻都遵守军训的管理制度，从不缺勤，坚持在队列旁边旁听，身体状况一好转立刻又积极参加到正常训练当中，直到军训结束。

思考和判断：

（1）小明作为"军训模范积极分子"，起到带头严守纪律的作用了吗？

（2）你心目中的军人形象是什么样的？

小明尽管身体不适，但仍在可承受范围内克服困难，坚持遵守军训各项管理制度，严守组织纪律，起到了榜样示范作用。军训对同学们来说并不陌生，我们当中的大多数人在小学和中学时期都参加过学校安排的军训，但是我们通常将军训视为一项任务去完成，而对于"军人形象"的概念仍然是一知半解，对于为什么要参加军训、如何塑造军人形象往往还没有很清晰的认识。

> **概念链接**
>
> 令行禁止：指下令行动就立即行动，下令停止就立即停止。形容法令严正，纪律严明，执行认真。
>
> 制度化：指群体和组织的社会生活从特殊的、不固定的方式向被普遍认可的固定化模式的转化过程。制度化是群体与组织发展和成熟的过程，也是整个社会生活规范化、有序化的变迁过程。

一、遵守军训制度，自觉接受入学教育

新生军训教育，是同学们开启求学生涯的第一课，目的是帮助同学们更好、更及时地适应学校的学习生活环境，同时让大家明晰学校的规章制度和管理模式，为同学们规划学习生活提供指向。军训是国防教育的一种形式和实践学习平台，是增强同学们国防观念和组织纪律性的途径。

随着职业院校的教育体系和育人模式不断地进步和发展，军训的相关规章制度越来越完善、严格化和规范化，军训已经基本成为在校教学计划的一部分，作为学生，应该严格遵照学生军训大纲的具体训练规定，包括考勤出勤制度、军事技能训练制度、军事理论课堂制度、内务管理制度等。在军队训练中要统一步调、统一行动、服从指挥，贯彻落实军训计划，高标准地完成各项训练项目，如图4-1所示。同时要尊重教官、老师和同学战友，自觉遵守纪律，保证每日训练生活正常有序地开展。

图 4-1 积极参加入学军训

二、强化身体素质，塑造坚韧军人形象

同学们心目中军人的形象是什么样的呢？是英姿飒爽、意气风发？是见义勇为、拔刀相助？还是艰苦奋斗、坚韧不拔呢？军人形象是严格遵守纪律，具备强硬的身体素质、优秀的品格和韧性。在身体机能遇到生理障碍时，良好的身体素质能够帮助你克服困难，树立起坚韧不拔的军人形象，如图4-2所示。所以同学们要在日常生活中加强体育锻炼，认真参加学校体育课程，积极参与校园文体活动，适当进行体能训练，这不仅有助于个人身体健康，同时也是为同学们能够更精神饱满地学习科学文化知识打下扎实基础。强硬的身体素质能够帮助你在军训中坚持严守纪律，塑造挺拔而坚强的军人形象。

图 4-2 塑造军人形象

三、提高心理素质，自觉做到修身律己

提高心理适应能力和环境适应能力，对做到严于律己有重要作用。同学们首先要从思想观念上尊敬军人。军人身负保卫我们国家安全、社会稳定的神圣职责，一

名优秀的军人是值得我们学习的榜样，所以我们首先要从理解的角度出发，对这个职业怀揣敬重和学习的态度。我们的同学大多数在家中都是家人的掌上明珠，很多同学可能从小生活优渥，所以容易形成以自我为中心的心理，不喜欢遵守规矩和接受其他人的安排，同时心理抗压能力和攻坚克难能力也可能较弱。入学前的军训教育就是为了让同学们改变过去可能存在的依赖、自负等观念态度，通过军训树立集体意识、大局意识，学会遵守制度。

所以同学们要提高个人的心理素质，不要把军训中的辛苦化成学校生活中的负能量，应当将这段经历当作一种磨炼和成长的基石。当你的心理素质得到强化，注重心理方面的正确自我暗示和引导，内心就能够对这项制度、这项教育内容真正产生认同，理解军队纪律对自身发展的作用，最后才能够真正自觉地做到修身律己。我们说修身齐家治国平天下，同学们作为祖国的栋梁之材，作为社会未来的曙光，应当具有主人翁意识。要"治国平天下"，建设好我们的国家，实现中国梦，首先我们要做到"修身"，个人的发展和严纪息息相关，严格遵守纪律，形成良好的个人作风，提升自身素养。

四、积极参加训练，坚持养成令行禁止

同学们在入学前接受令行禁止养成教育，对今后学习、生活和工作中养成良好习惯和修身律己都起着关键作用。我们应认真参加军训，积极完成训练内容。例如，站军姿要按照教官的教导整齐列队，姿态要端正，精气神要饱满，自觉遵守队列纪律，认真执行命令等。在教官讲解军事动作要领的时候，我们要认真学习，例如学习匍匐前进、跨立、军体拳、俯卧撑、打靶等，都要谨遵指挥和教导积极参训，如图4-3所示。在训练中如果没有做到令行禁止，不严格按照教官的正确指令行动，不仅仅是违反纪律的问题，错误的肢体动作也有可能会损害自身身体，极容易造成肌肉拉伤、手脚肌腱扭伤等。军训结束后，我们还应将学到的军姿和精神运用到日常学习生活

图4-3　积极参加训练

中，以军人形象和良好的精神面貌严格要求自己，在法律法规、校纪校规面前做到令行禁止，遵照学校领导和老师的谆谆教导，遵守班级和组织纪律，在半军事化制度教育环境下融入自我，将自己打造成严纪律、守规矩的军人形象。在入学教育中不断提升自身素质，严守军训制度，遵守学校纪律制度。严纪，从新生入学做起，从点滴做起。

军训会演

【案例探析】

　　茂名市退伍军人企业家朱汝志，出身于农村家庭，18岁就离开茂名市应征来到海南部队。进入部队之后，他虽然文化知识程度较低，但没有沉陷于自卑情绪，一直努力学习文化课。那时候生活条件非常艰苦，为了练字，他就用木棍在地上画，还主动请缨参加部队的黑板报编撰和广播报道撰写的工作，以此当作练笔。朱汝志坚持学习和磨炼意志，很快就成为部队的骨干。退伍后朱汝志把在军队磨炼出来的意志和毅力投入拼搏创业当中，开始自创出路。最初的创业之路异常艰难曲折，家境贫困的他为了筹款创业吃了很多闭门羹，挨了很多苦，但是军人精神支撑着他在简陋的铁皮屋里坚持梦想，茂名市远东电器维修店就在这个铁皮屋里开业了。1993年朱汝志创办了凌志冷气公司，建立起一支纪律严明、专业化、技能化的经营管理队伍。

　　在波诡云谲的商海浮沉中，朱汝志依旧不失军人本色，严守市场经营制度和公司纪律，在他的办公室墙壁上一直挂有他在企业中执行管理的"三大纪律八项注意"条幅。严格的军事化管理，让朱汝志的企业从创业最初的3个人发展到后来的300多人，每年创利税300多万元。

{资料来源：王昊. 朱汝志：壮志凌云自强创业[EB/OL].（2013-09-09）[2020-10-04]. http://www.81.cn/201311lbjlb/2013-09/09/content_5635488.htm.}

想一想：

朱汝志为什么可以从贫困走向成功？是什么支撑着他创业和奋斗？

评一评：

企业家朱汝志能够创业成功，凭借的不仅仅是经营管理的头脑，更为重要的是实行军事化管理，严格要求企业员工具有纪律观念意识。商场如战场，只有严守纪律、坚持不懈，才能取得胜利和成功。优秀、坚韧不拔的军人形象也是企业的代表形象和精神体现，能够为企业带来创收并产生良好的品牌效应。我们职业院校学生也一样，在半军事化管理的校园环境下，应该磨炼自身军人意志，严守纪律，这对于将来走向社会、走向就业岗位都会有很大的帮助和裨益。

 【活动体验】

走进军营社会实践

活动目的：通过参观军营，了解军营作风，形成良好的学习、生活作风，学习军队艰苦奋斗的精神。

活动内容：我们可利用假期走进军营，参观士兵宿舍、训练场地，观看士兵的日常训练。通过座谈的方式了解士兵们艰苦奋斗的历史。最后，撰写以"走进军营"为主题的心得体会。

践行感悟：_____

_____

_____

军人形象专题讨论会

活动目的：加强对军人形象的认识和思考。

活动内容：围绕以下主题在班级内开展一场讨论会，同学们按照学号分成5个小组，每组负责一个主题，进行资料收集和学习研讨，最终在班会上以PPT形式汇报展示各组成果。

（1）结合职业院校的管理制度，谈谈如何磨炼自身的军人意志。

（2）为什么我们要向军人学习，还要把军人形象呈现在日常学习、工作、生活中？

（3）如何把军训中学习到的知识和能力内化于心、外化于行？

（4）谈谈你对学校军训管理制度的创新建议和想法。

（5）新生入学军训对于严纪教育的作用体现在哪些方面？

践行感悟：_____

_____

第二节 守时专注，遵守课堂纪律

【名言警句】

盛年不重来，一日难再晨；及时当勉励，岁月不待人。

——陶渊明

圣人随时以行，是谓守时。

——范蠡

 【事例导入】

小希是某职业院校一年级某专业六班的班长。这一天，她拿着班级流动红旗站在讲台上，满脸喜悦地跟同学们分享这一得来不易的喜讯。还记得刚入学的时候，班级课堂纪律散漫，有人迟到，有人早退，有人在课堂上睡觉，有人玩手机，有人吃零食……看到这些情况，想学习的同学也难以静下心来。小希和辅导员商量，最终制定了完善和严格的课堂纪律制度。在制度的制约下，两个星期后，班上的同学发生了很大的变化，没有人再无故迟到或早退，课堂上睡觉的现象不见了，上课铃声一响同学们就自觉关闭手机，携带零食进教室的行为也没有了，课前预习的同学变多了，课堂讨论参与度越来越高……对于这些变化，任课老师好评如潮，同学们的学习态度和学习习惯也越来越好。在最近一次的班级评比中，六班获得了全校总分排名第一，流动红旗首次落户该班，班级瞬间热闹起来，大家的自豪感油然而生。

思考和判断：

（1）六班刚开始存在哪些课堂纪律问题？

（2）在课堂制度的制约下，六班发生了很大的变化，这一变化给了你什么启示？

作为一名学生，自觉遵守课堂纪律是最基本的，任何学生都要受课堂纪律的约束，在课堂纪律面前人人平等，一旦违纪，都将受到处罚。

忽视课堂纪律，不仅会影响我们的形象和个人素质的提升，还会弱化教学效果和质量，甚至会破坏班级学风。作为一名在校生，我们的主要任务是学习。学生的学习在教师有目的、有计划、有组织的指导下，在学校班集体中进行。教师对学生的学习起着重要的作用，通过系统的指导和传授，使学生少走很多弯路，能够在较短的时间内取得更有效的学习

> **概念链接**
>
> 课堂纪律：是指为了维持正常的教学秩序、协调学生行为、不干扰教师上课、保证课堂目标的实现制定的，要求学生共同遵守的课堂行为规范。
>
> 学风：指的是学习的风气，它是学生的学习态度、学习习惯、学习兴趣、学习能力等的综合反映，是学生世界观、人生观、价值观的综合体现。

成果，这说明了课堂教学的重要性。然而在教与学的道路上，会出现各种各样的问题。那么，如何才能维持课堂纪律，彰显良好的精神风貌？

一、正确认识学习价值，充分激发学习兴趣

"活到老，学到老。"学习是人生的主旋律，是指路明灯，通过学习获得的知识和技能，可以让我们在人生路上看得更远，走得更稳。知识和技能是每个人生存和发展的重要条件，在日常生活中，我们常常能感受到知识和技能带来的便利和力量。我们要树立"知识就是力量"的观念，增强对知识的渴望，提高遵守课堂纪律的自觉性，改变以往不好的学习态度和学习习惯，充分激发自己的学习兴趣。

兴趣能使我们更加积极主动地去学习，并使学习变得轻松且富有成就感。在课堂教学中，如果我们对所学科目不感兴趣，就可能出现不遵守课堂纪律的行为，导致对课堂学习重视不足，从而影响班级学风和校园学风的建设。当遇到不感兴趣的课程时，我们首先要重新审视这一门课程。想想这门课程开设的目的是什么？对自己的专业有何作用？跟以后的工作有何关系？对个人素质的提升有何影响？以此判断学习这门课程的重要性，尝试激发自己对这门课程的学习兴趣。其次，学会理论联系实际，将学习的内容运用到日常生活中。很多时候，我们之所以对一门课程不感兴趣，是因为看不到自己学习的知识与日常生活的联系，觉得课本内容都是理

论，与生活和工作无关。所以我们要努力将课本知识运用到生活中，在生活中寻找与课程内容相关的点，这样做有助于消除学习的枯燥感与无用感。最后，给予自己适当的奖励。如果自己在上课过程中能够遵守课堂纪律，就给予适当的奖励，奖励要符合自己的喜好，满足自己的需要，可以是一顿美食、一件心仪已久的衣服、一场电影等等。

二、遵守课堂时间，按时上下课

守时是一种素质，不仅体现了尊重他人的理念，更是对自己的一种尊重。现代生活的快速发展，需要人们有严谨的时间意识。守时，理应是现代人所必备的素质之一。做一个守时的人，在得到别人尊重的同时，也会给别人一个好印象。对我们学生而言，需要遵守课堂时间，按时上下课，不应有例外和借口。假如因为特殊情况不得不缺席，也应该提前与老师沟通，向老师请假。因为这不是一件小事，它代表了你的素质和做人的态度。试想一下，如果上课铃声已响，班上只来了一半学生，然后每隔一两分钟来一个，老师上课的思路不断被打断，同学们的注意力时不时被转移，那课堂会变成什么样？你会喜欢这样的课堂吗？为了维持良好的课堂纪律，作为学生的我们，需要遵守时间，按时上下课，给老师和同学留一个好的印象。

严纪故事

鲁迅刻"早"字

鲁迅（1881—1936），中国文学家、思想家和革命家，原名周树人，字豫才，浙江绍兴人。鲁迅13岁时，他的祖父因科场案被逮捕入狱，父亲长期患病，家里越来越穷，他经常到当铺卖掉家里值钱的东西，然后再去药店给父亲买药。有一次，父亲病重，鲁迅一大早就去当铺和药店，来到私塾时老师已经开始上课了。老师看到他迟到了，就生气地说："十几岁的学生，还睡懒觉，上课迟到。下次再迟到就别来了。"鲁迅听了，点点头，没有为自己做任何辩解，低着头默默回到自己的座位上。第二天，他早早来到学校，在书桌右上角用刀刻了一个"早"字，心里暗暗地立誓：以后一定要早起，不能再迟到了。以后的日子里，父亲的病更重了，鲁迅更频繁地到当铺去卖东西，然后到药店去买药，家里很多家务活也都落在了鲁迅的肩上。他每天天不亮就起床，料理好家里的事情，然后再到当铺和药店，之后又急急忙忙地跑到私塾去上课。虽然家里的负担很重，可是他再也没有迟到过。在那些艰苦的日子里，每当他气喘吁吁地在上课前跑进私塾，看到课桌上的"早"字时，他都会觉得开心，心想："我又一次战胜了困难，又一次实现了自己的诺言。我一定加倍努力，做一个信守诺言的人。"

三、集中注意力，提高课堂效率

首先，集中注意力需要限制时间。在学习过程中，把较长的时间段分割成几小段，并且在这些小时间段内安排具体的任务，可以有效地防止学习松懈。其次，集中注意力需要明确目标。如果我们带着一定的"任务"去做某件事情，那么将会对这个"任务"倾注极大的注意力，事情就得以更加高效地完成。这种注意是随意注意，有预定目的、需要一定的意志努力才能做到。所以，我们在上课前就应做好集中注意力的准备，多问"为什么"，带着问题听课，自己制造悬念，将思维停留在

与课堂相关的事情上，这样你的听课效果就能事半功倍。最后，创造安静的学习氛围。在安静的环境中，我们更容易集中注意力。因此，在上课过程中，我们需要遵守课堂纪律，不随意讲话，为课堂营造一个舒适的学习环境，如图4-4所示。

图4-4　遵守课堂纪律

四、掌握有效的学习方法，提高学习自信心

很多时候，对一门课程不感兴趣，不遵守课堂纪律，是因为觉得课程很难，自己学不会，索性放之任之。要想在学习上取得成功，提高自己的学习热情，必须掌握有效的学习方法。

1. 科学记忆法

科学记忆法是指人们根据心理学研究成果和经验总结，归纳出的行之有效的记忆方法与技巧，主要有复述记忆法、谐音记忆法、特征记忆法、联想记忆法、口诀记忆法等。另外，在记忆过程中，人们应尽可能地调动多个感官参与，丰富记忆材料的输入加工途径，比如看、讲、听、写、做结合起来。可以一边看文字、图片或实物，一边自己讲解出来；还可以一边听别人讲解，一边记录要点或者动手操作。同一信息通过多种渠道进入大脑，可以加强记忆的效果，使人更容易回忆出来。

2. 合理利用时间

假如你有一个账号，每天进账人民币86 400元，每年可累计进账人民币31 536 000元，但每晚12点后当天的进账就会消失，每年元旦后结算扣除，猜猜是什么？答案是时间。每个人每天的时间都是一样的，有的人一天可以完成很多事情，而有的人一天到晚浑浑噩噩、收获寥寥。这就是是否懂得合理安排时间、高效利用时间的不同结果。我们要合理利用时间，把每天要完成的任务列出清单，根据清单对任务进行分类，分清轻重缓急，把重要紧急的先完成。值得注意的是，我们要给每件任务计划时间，时间不要排得太满，要留出机动的时间，使自己可以从容不迫地完成任务。

3. 保证睡眠

我们要保证充足的睡眠，养成良好的作息规律。只有这样，才能拥有充沛的精力，才能应对繁重的学习任务。但是，在我们身边，经常出现这样的情况，有的同学晚上不按时睡觉，躺在被窝里看电视、看电影、刷微博、玩游戏……直至深夜。睡眠不足的直接结果就是课堂注意力下降、头脑不清晰甚至打瞌睡。长期睡眠不足还会影响大脑思维能力，妨碍大脑正常工作，直接影响学习效率。因此，我们要形成良好的作息习惯，保证每天的睡眠时间和睡眠质量。

【案例探析】

小尹是某职业院校的一名新生，刚入校时，豪情壮志，立志要有所建树。但是她的志向笼统模糊，具体怎样实现，她并没有计划。虽然考上了自己喜欢的专业，但一年级很多课程都是基础课，跟小尹想象的专业课学习相差甚远，所以她很失落。此外，小尹憧憬的课堂是充满生机活力、集智慧和艺术于一体的，教材包罗万象、新颖独特，教师博学多才、幽默风趣。但现在，新学期过去了一半，她发现有些科目内容比较乏味；有些同学开始逃课，而坐在教室里的同学，有的看课外书，有的玩游戏，有的看视频，有的打瞌睡……看到这种情况，小尹觉得很失望，自己喜欢的专业学习环境居然是这样子的，她不知道该追求什么，觉得学习没有动力，也不想去努力学习了。于是她经常在课堂上睡觉，有时也玩游戏，甚至戴上耳机看视频……直到期末考试结束，成绩很不理想，小尹才猛然清醒过来。她痛定思痛，决定再也不能像之前那样混日子了，于是来到办公室寻求辅导员的帮助。

想一想：

小尹的课堂纪律如何？她的学习态度正确吗？这个案例给我们什么启示？

评一评：

案例中的小尹由于学习目标不明确，再加上受到身边同学不良作风的影响，学习积极性受到打击，学习成绩不理想。我们现在也处于求学阶段，要想取得好的成绩，就应该从现在做起，遵守课堂纪律，制定合理的学习目标。目标要看得见、够得着，才能成为一个有效的目标，才会形成动力。目标不明确，或者目标定得太高，都无法维持行为的动力，导致目标无法实现。如果目标比较大，可以把它拆分为多个阶段性目标，一个一个完成，一步一步接近理想目标。如果你从来没有考虑过学习目标的问题，那么不妨问问自己："我想要什么样的学习生活？我对学习结果有何期望？我希望学习给自己和社会带来什么？我现在最重要的学习任务是什么？为了达到学习目标，我需要做什么？我有没有条件和能力来实现目标？如果没有，我能不能、愿不愿创造条件培养这些能力？"当这些问题都明确后，你的学习目标会更加明确，学习态度、学习习惯和学习兴趣都会发生变化。

【活动体验】

注意力测试

活动目的：了解自己的注意力水平。

活动过程：舒尔特方格是在一张方形卡片上画上1厘米×1厘米的25个方格，格子内任意填写上阿拉伯数字1~25，共25个数字。测试时，要求被试者用手指按1~25的顺序依次指出其位置，同时诵读出声，施测者在一旁记录被试者所用时间。依序数完25个数字所用时间越短，注意力水平越高。舒尔特方格如表4-1所示。

表 4-1　舒尔特方格量表

舒尔特方格 1						舒尔特方格 2				
19	24	21	5	12		15	4	13	9	21
22	11	8	15	6		20	16	23	18	25
7	14	1	13	16		1	22	6	24	17
3	18	9	20	2		5	12	3	8	14
10	23	25	17	4		10	7	19	11	2
舒尔特方格 3						舒尔特方格 4				
10	22	8	3	24		25	18	14	5	23
1	20	13	18	6		15	10	22	8	3
14	7	2	19	11		11	21	7	2	19
21	17	5	23	25		6	1	20	13	17
4	12	16	9	15		24	4	12	16	9

评分标准：

5～6岁年龄组：30秒内为优秀，30～40秒属于良好水平，41～48秒属于中等水平，49～55秒属于及格水平。

7～11岁年龄组：26秒内为优秀，26～32秒属于良好水平，33～40秒属于中等水平，41～45秒属于及格水平。

12～17岁年龄组：16秒内为优秀，16～18秒属于良好水平，19～23秒属于中等水平，24秒及以上则属于及格水平。

18岁及以上年龄组：12秒内为优秀，13～16秒属于良好水平，17～19秒属于中等水平，20秒及以上则属于及格水平。

践行感悟： _____

_____

_____

第三节　严格自律，遵守考试纪律

【名言警句】

> 志不强者智不达，言不信者行不果。
>
> ——《墨子》
>
> 没有诚信，何来尊严？
>
> ——西塞罗

 【事例导入】

　　小李是某职业院校的学生，他在课堂上表现较为活跃，积极主动回答问题，日常与同学友善交往。学校师生对他的评价是：小李是一名性格开朗、学习积极上进的学生。然而，小李在一次期中考试时，因为自我感觉其中一门课程基础不是很扎实，考试前复习该课程的时间也不够，他担心该课程考试成绩不理想，于是把该课程的相关资料内容拍照保存在手机里并带进了考场。在考试过程中，其他同学都在安静地思考、作答，小李同学却偷偷把手机拿出来翻看。

　　思考和判断：

　　（1）据你的观察和了解，现实中像小李这样做的人多吗？

　　（2）如何看待小李同学在考试中的行为？

　　作为职业院校的学生，我们已经历过数不过来的校园考试，也体会过不少考试带来的苦和乐，在这些苦乐交集中成长的同学们胸怀理想、追求进步、渴望成功、期待被认可，于是，我们在校园里努力绽放。然而，现实世界又充斥着各种各样的诱惑在向我们伸出热情召唤的双手，年轻的我们面对着沉重的学业和社会诱惑，或奋进，或惊喜，或彷徨，或低沉……但是，不管同学们以何种态度对待学习的过程，作为学生，终要面对考试的到来。

当考试来临，同学们也许有过这样的困扰："别人作弊获得的分数可能会比我认真复习的还高，我不作弊会不会吃亏？""认真学了，也复习了，可我不自信，怎么办？""就作弊一次，应该不会被发现吧？"那么，在种种困扰之下，我们是以考试作为检测自己独立解决问题能力的机会而选择埋头苦读，还是继续虚度年华，然后像上面事例导入中的小李同学那样心怀侥幸，试图通过考试作弊来获取高分？

林达生说："一丝一毫关乎节操，一件小事、一次不经意的失信，可能会毁了我们一生的名誉。"那么，面对考试，我们应该怎样做呢？

> **概念链接**
>
> 自律：就是遵循法度，自加约束。
>
> 考试：是一种严格的知识水平鉴定方法。通过书面、口头提问或实际操作等方式，考查参试者所掌握的知识和技能的活动。
>
> 诚信：是一个道德范畴，是公民的第二个"身份证"，是日常行为的诚实和正式交流的信用的合称。诚信即待人处事真诚、老实、讲信誉，言必行、行必果，一言九鼎，一诺千金。

一、正确认识考试，端正学习态度

中国是考试的发祥地，考试制度最早可以追溯到夏商周时期。《大英百科全书》第11版"考试"条说："在历史上，最早的考试制度是中国用来选拔行政官员的制度。""考试"一词由"考"与"试"二字组成，《尚书》中有"试可乃已""试不可用""敷奏以言，明试以功""三载考绩，三考黜陟幽明"等记载。《大英百科全书》的说法是根据19世纪末20世纪初一些西方学者有关科举的论著而来，而这些论著的说法又是根据《尚书》的记载而来。

"考"与"试"是意义相近的两个概念，皆有考查、检测、考核等多重含义。将"考"与"试"二字连用，始于西汉董仲舒的《春秋繁露》，该书《考功名篇》说："考试之法，大者缓，小者急；贵者舒而贱者促。诸侯月试其国，州伯时试其部，四试而一考。天子岁试天下，三试而一考。前后三考而黜陟，命之曰计。"由此可见，最初"考"字更侧重于考核政绩的含义，"试"字更侧重于测度优劣的含义。当"考"与"试"合为一个词之后，其内涵逐渐演变为特指考查知识或技能的活动。

考试，作为教学评价的一种手段，发展至今起到的作用有以下几点：①测试考生对所学课程的掌握程度；②测试考生的学习技巧和记忆力；③检测考生的个人品行；④评估教师的教学质量，以便更好地开展教学工作。

对于学生来说，每一次考试都应是"接受考核、认证自我"的一种快捷而有效的途径。我们每一个人要正确认识考试的作用，端正自己的学习态度，努力在学习中做到：①明确学习目标，提高学习动力，虚心求学，学会学习，重视知识积累；②重视考前复习；③端正考试态度，理智看待考试结果；④不断强化良好的自我意识，塑造吃苦耐劳和诚信的人格。

俗话说："吃得苦中苦，方为人上人。"世界上许多伟大成就都是一些平凡的人通过自己的不断努力而取得的。翻开中华民族五千年的文明史，阅读祖国灿烂的文化，追寻前人的足迹，就会发现上面同刻一个"勤"字。我们中华民族就是依靠这种勤奋精神，缔造了古老的华夏文明，创造了一个又一个的奇迹。

"天道酬勤""业精于勤，荒于嬉"。有付出才有收获，学习也一样，要能勤奋苦读才能收获甘甜的果实。我们在勤攻苦学的同时，如果能掌握遗忘"先快后慢"的规律，做到"温故而知新"，学习也能做到事半功倍。

二、做到严格自律，遵守考试纪律

考试，不管是最早用来选拔行政官员，还是现在作为教与学评价的一种手段，考生都必须遵守相关的考试纪律，因为考试纪律是维护考风秩序和保证考试成绩真实性的武器。

我们要严格自律，遵守考试纪律，确保考试成绩真实，才能通过考试对自己的学习情况有一个理性的认识。这样的考试才能准确反馈学习结果，让我们及时端正自己的学习态度，调整自己的学习状态。同时，老师才可根据我们真实的成绩，判断我们对相关知识掌握的程度，以此调整教学进度和教学方法，更好地帮助我们提升自我。考试作弊只是自欺欺人的做法，不仅会扰乱校园考风，还会导致自己学习上的漏洞越来越大，也让自己失去诚实的宝贵品质。

从公平性原则来看，教育可以说在全社会是较公平的一个领域，学生个人的学习质量和发展水平都是依据考试成绩来衡量，学生评优评先、评奖学金时，考试成绩占相当大比重。如果在考试中出现弄虚作假的行为，还让欠自律、不认真学习的学生被评为优秀或获了奖，那就违背了公平性原则，这样培养出来的所谓"优秀"学生在社会上也不会很好地贯彻公平性原则。同时，对严格自律，遵守考试纪律的学生的学习积极性、主动性也是一个很大的打击。

遵守考试纪律（如图4-5所示），维护校园考风秩序，营造公平、公正、公信的考

图4-5 遵守考试纪律

试氛围，既是我们每一个同学的愿望，也是我们每一个同学应该肩负的责任。

考试时，我们要按照考试规定时间携带相关证件进入指定考场，并在指定座位上坐好，安静待考，这是自觉维护正常考试秩序的表现之一。不带除允许携带的必要文具之外的其他复习资料和通信工具，这样不仅能有效防止考试过程中出现作弊之念，而且有利于我们按考试要求安静、独立地作答，同时维护了考风秩序。

只要我们每一个人都能以认真、严肃、负责的态度对待考试，共同参与考风建设，必能共筑一方考试净土。让我们从自身做起，从现在做起，从身边小事做起，倡导"严格自律，遵守考试纪律"的校园风尚，推动学风、班风、校风建设，一起维护好校园考试秩序，为和谐校园的建设添上亮丽的一笔。

三、遵守考试纪律，恪守诚信美德

端正考风，严肃考纪，有利于加强学风、班风、校风建设，营造文明、诚信考试的良好氛围，同时也有利于提高学生的道德修养和思想素质。

自古以来，诚信就是中华民族的传统美德，是中华民族五千年文明史上瑰丽和灿烂的文化遗产之一，也是中华民族五千年文明得以薪火相传的重要原因之一，更是我们每一个中国人都必须继承、坚持、坚守和发扬的一个优秀品德。

作为青年学生，我们正处于最美好的年华，既是学习的黄金时期，也是道德

修养和思想品德形成的重要时期。认真学习和遵守考试纪律是学生最基本的素质要求之一，也是诚信做人的具体体现。考试就是对我们诚信的一种考验。老师和家长们期待的不是所谓的"虚假高分"，而是真实的成绩和反馈，每一次考试就是一次"诚信"测试。

遵守考试纪律，恪守诚信美德。我们必须做到先成人，后成才，时刻用诚信的态度对待人生中的每一场考试。

■ 严纪故事

岔路口的诚实守信

有一个士兵，他不善于长跑，所以在一次部队的越野赛中很快就远落人后，一个人孤零零地跑着。他转过了几道弯，面前有一个岔路口：一条路，标明是军官跑的宽阔大路；另一条路，标明是士兵跑的狭长小径。他停顿了一下，虽然对军官连越野赛都有便宜可占的行为心感不满，但是他还是朝着标明士兵跑的小径跑去。他跑了大概半个小时后到达了终点，没想到却是第一个到达终点的人。他觉得这不可思议，因为自己不但从来没有取得过长跑名次，而且连前50名也没有进过。可是，主持赛跑的军官笑着恭喜他取得了比赛的第一名。

过了几个钟头后，大批人马都到达了终点，他们跑得筋疲力尽，看见他赢得了胜利，也觉得奇怪。突然，大家醒悟过来：在岔路口诚实守信，是多么重要。

端正一种行为，收获一种良好习惯；养成一种良好习惯，收获一生的精彩。我们每个人都有个性，有自尊，更有奋发向上、不甘落后的上进心。那么，就让我们努力迈开向前奔跑的双腿，勤奋学习，认真复习，严格自律，遵守考试纪律，在人生的路上诚信考试，诚实做人，亮出真实的成绩，展现真实的自我吧。

◤ 【案例探析】

2009年7月26日，某地区组织265名符合报名条件的全区公检法干警参加笔试，公开选拔公安分局、区法院、区检察院三个部门的24名正科级和42名副科级侦查员、审判员、检察员。为确保竞职工作公开、透明，该区有关部门在抽调区纪委、组织部干部和该区一中学教师担任主考官和监考官的基础上，打破常规，从该区某小学抽调18名少先队员担任"监考官"，对笔试全过程进行监督。

在考试过程中，小"监考官"们认真负责，在监考过程中，共发现了25名作弊者。按照有关规定，这25名作弊者的考试资格被取消，成绩按零分处理。

想一想：

这个案例给了你什么启示？

评一评：

本案例中的小"监考官"们认真负责，谨遵考试纪律，勇抓25名作弊成年人考生，很好地维护了考风考纪和公平性原则。25名作弊成年人考生不但错失机会，还因此失信于社会。如果这25名作弊成年人考生在校学习时，能严格自律，遵守考试纪律，一直恪守诚信美德，又怎会在进入社会后沦为诚信的反面教材？我们作为青年学生，更应该从我做起，以此案例为鉴，在校时严遵考试纪律，谨守各项规章制度，对自己以后的人生负责，全力答好自己一生的考卷，此外，还能对后辈起榜样作用。

 【活动体验】

如果我是监考员

活动目的：加强考试纪律意识，严肃考风考纪。

活动内容：请在班级内围绕"如果我是监考员"主题开展一场演讲或召开一次以"诚信考试，从我做起"为题的主题班会。

践行感悟： _____

_____

_____

第四节　规范出入，遵守校门进出制度

【名言警句】

> 事将为，其赏罚之数必先明之。
>
> ——《管子》

 【事例导入】

　　小陈是某职业院校的学生，所在学校采用半封闭式的校门管理模式，学生只有在周末放假和特殊情况请假后才能凭有效身份证件出入，平时正常情况下只能在校内学习生活。小陈家里准备乔迁新居，按照家乡风俗要摆"入伙酒"，他想回家和家人聚餐，但是又担心班主任不肯批假，因此当天他佯装突发疾病来到校门保安亭前，跟保安说自己身体不适需要马上出校看诊，按照学校管理制度，必须要提供有效身份证件和请假条才可以出校门，这些小陈都没有提供。

　　保安建议他先到校医务室看诊治疗，然后带上相关证件，找班主任签好请假条再出校门。小陈几经请求仍未得到保卫处批准出校门，于是再也忍不住，不顾文明礼仪，在校门口破口大骂起来，说学校做不到人性化管理，限制他们的人身自由，无视学生的身体状况。小陈的行为严重影响了学校形象和个人形象。最后保卫处联系上小陈的班主任和家长，查明了事实真相。学校领导和班主任及时对小陈进行了谈话教育，小陈也认识到了自己做法上的错误。

　　思考和判断：

　　在这个事件中，小陈有哪些地方做得不正确？

一、提高个人安全纪律意识，理解学校良苦用心

职业院校实行半军事化管理，其中很重要的一点就是学校校门出入管理的问题，通常校门是属于半封闭半开放的管理状态。部分同学也会像案例中的小陈一样产生困惑：这种管理模式不是限制了他们的人身自由吗？

其实不然，我们的同学一般是初中毕业或者高中毕业就进入职业院校学习，很多同学还属于未成年人，社会阅历不足，需要学校和监护人的监督保护和管理。如果校门实行全开放管理，那么很容易会有不法分子或者破坏势力、邪教组织等各种潜在危险因素随意进入校园，对同学们造成不良影响和伤害，包括人身安全问题、财物安全问题等。所以，学校为了学生安全着想，也为了更好地实施监管，通常会要求学生不可以随意进出校门，一般到了周末或节假日才允许学生回家休息，或者学生有突发危机事件、疾病等，凭有效身份证件和请假条等证明材料才能出入校门。

> **概念链接**
>
> 半封闭式校门管理：这里主要是指职业院校在校门管理模式上，为了保障校园和在校学生的安全，采取不完全封闭和不完全开放的基本做法。原则上日常教学时间不允许学生随意进出校门，必须在规定的条件和范围内，通过某种流程和形式进出校门，是相对应职业院校半军事化管理的一种校门管理方式。

对于职业院校的我们来说，其实自由也是个具有相对性和时限性的概念，并不意味着可以毫无约束，向往自由并不是随意放纵的借口。职业院校学生在心理上和生理上均未成熟定性，还需要学校和家庭的保护和管理。所以校门的出入管理是为了把不良风气和危险因素尽可能地阻止在门外，为同学们在校学习生活创造一个健康、干净、文明的环境，如图4-6所示。

同学们在了解了学校的

图4-6　校门出入管理制度

良苦用心后，应当自觉配合学校的工作和规章制度，提高自身的安全纪律意识，自觉接受学校的安全纪律教育，遵纪守法，服从学校的管理制度，齐心协力为学校创建文明守纪、风清气正的氛围贡献一分力量。

二、遵守校门出入管理制度，做到讲文明有礼貌

过去的校门出入管理制度一般要求同学们携带身份证或者学生证、校园卡等有效证件出入校门，由保卫处值班人员检查后通过。随着新时代科技的不断进步和发展，目前很多职业院校都已启动录入指纹或者脸部影像等便捷技术，同学们可以直接通过"刷指纹"或者"刷脸"进出校门。这些技术可以自动识别同学们有没有权限出入，简化了程序，为同学们节省了不少时间。在这样的情况下，同学们更应该严格遵守校门出入管理制度。

进出校门不忘"刷脸"，在有突发状况的时候也要注重文明礼仪和礼貌形象，可以向班主任、辅导员或者值班人员咨询和寻求帮助，注意要树立好学生应有的礼貌形象，不应像案例中的小陈那样无视学校纪律，恣意寻衅闹事。总而言之，"刷脸"不能"丢脸"，出入要讲秩序，突发事件要说明情由有序处理，如图4-7所示。

图 4-7　遵守校门出入制度

作为学生，严格遵守纪律，学会讲文明有礼貌，对自身的发展、处理人际关系、将来生活和工作也是有帮助的。礼貌的形象是一个人的门面和素质体现，严纪是一个人的作风和处事态度，二者都将深刻影响同学们以后的人生。半军事化制度的管理有利于教会我们守纪律、讲文明，塑造健康向上、文明有礼的个人形象。

【案例探析】

　　茂名市高州师范学院附属第一小学曾经的校长——谭振华，就是严于律己、用科学管理铸就名校辉煌的典范。他17岁就走上了三尺讲台，从青年教师到级长、科组长、主任、副校长，最后到校长，他用自己的青春，用了30多年的光阴书写了从"士兵"到"将军"的人生奋斗历程。他在2004年的时候就主张"以人为本、科学管理"的办学理念，注重学生的文明素质教育，一直积极推行建章立制管理与情感管理相结合的教育方式。他曾主持完善《高师附一小安全管理要求及奖罚措施》《高师附一小班风量化考核评比方案》等各项规章制度，抓好学校的安全管理工作，为培养学生良好行为习惯开展多项课题研究实践，取得了丰硕成果。

　　同时他经常带头开展"讲政治、讲学习、讲正气、讲团结、讲奉献"的教育自律活动，带头遵守规章制度，严于律己，做到"以德立身，不谋私利，不徇私情"，对学校教职工和学生都起到了带头示范的榜样作用。他的科学管理模式和理念也让学校实现了跨越式的发展。

想一想：

为什么高州师范学院附属第一小学能够实现跨越式发展？

评一评：

　　首先，该学校实施了科学的管理模式。一所学校需要严谨科学的规章制度和管理模式。合理有效的管理制度，以人为本，从教师和学生的角度出发，可以增强教师和学生的认同感、责任感和归属感，也能够让学生自觉地去遵守学校纪律，自觉养成讲文明懂礼貌的习惯。

　　其次，该学校形成了严格的纪律风气。管理者给整个学校起到了良好的模范引领作用，因为管理者自身作风正，严守纪律不徇私情，有着良好的纪律意识，对塑造校风、班风都起到至关重要的作用，让学校学生在管理者的带动和示范之下学习生活，共同进步，才实现了学校的跨越式发展。

【活动体验】

举办校园安全维稳活动

　　活动目的：加强对校门出入制度和个人文明礼貌形象的认识。

　　活动内容：举办一次校园出入安全维稳活动，各个班级每日轮流派出值日生，分别在不同时间段到校门出入闸口值班，了解校门出入管理制度，并引导出入同学树立文明礼貌形象。每个学期学校选出值班表现优秀的同学，授予"形象大使"荣誉称号进行表彰。

　　践行感悟：_____

_____

_____

第五章 日常生活半军事化，
严守生活管理纪律

【导语】

习近平总书记寄语年轻人在学校要心无旁骛，学成文武艺，报效祖国和人民。我们作为职业院校学生要严格要求自己遵守日常行为规范，严守生活管理纪律，在吃、住、训练和作息等日常生活中实行半军事化，为未来报效祖国和人民练就过硬本领。每日餐食，以军队长征的精神、军人劳动的坚决、军人餐桌文化遵守用餐管理纪律；文明卫生，学习军人的战友情怀、军人的高度自律、军人的吃苦耐劳和军人的团结协作精神遵守宿舍管理纪律；训练会操，以军人铁的纪律、军人的优良作风、军人吃苦的意志和军人的牺牲奉献精神严格遵守活动管理纪律；生活作息，以军人的集体意识和大局观自觉遵守学校作息制度；安全防范，以军人的自律守纪精神，严守安全管理纪律。

第一节　每日餐食，遵守用餐管理纪律

【名言警句】

> 一粥一饭，当思来处不易；半丝半缕，恒念物力维艰。
>
> ——朱柏庐

 【事例导入】

　　某职业院校的小杨出身于富裕的家庭，比较挑食。在学校食堂就餐，他每次都打好几个菜，但吃得不多，所以剩了很多米饭和菜。他有时也听到旁边有同学议论他浪费食物，但小杨对这些评论不屑一顾，因为他觉得自己有正当的理由：第一，无论他打多少个菜，剩余多少菜，都是花自己的钱，跟其他人没有关系；第二，他认为食堂有时候饭菜味道不好，自己吃不下便只好倒掉，这是个人的自由；第三，他认为自己倒掉的剩饭剩菜都会被拿去喂猪，这样也不算浪费食物；第四，不只是他一个人倒掉剩饭剩菜，有些女同学为了减肥，经常每餐就吃一点儿，倒掉大部分饭菜。相反，他认为把饭菜吃光、把汤喝光的同学有点奇怪，他看到一些同学一粒米都不剩的盘子，感到非常惊讶。他认为这些同学应该来自于贫穷家庭，没有钱多打几个菜，所以只能把仅有的米饭和菜吃光。

　　思考和判断：

　　（1）小杨在学校用餐的表现正确吗？

　　（2）小杨做到严格遵守学校用餐纪律了吗？

　　在食堂就餐要注意节约粮食，践行餐桌光盘行动，遵守餐桌文明礼仪，严守用餐管理纪律，避免出现像上述事例中的小杨浪费食物的不良现象。我们如何做到以军队的用餐管理纪律严格要求自己，严守用餐管理纪律呢？

一、以军队长征的精神为指导，养成节约粮食的好习惯

在长征途中，没有吃的，把用于搬运的骡马杀掉；骡马没了，去挖野菜、啃树皮、嚼草根……那一件件、一幕幕的感人事迹和画面，经过一代代的传承，深深地印在了我们的脑海中。长征故事《金色的鱼钩》描述一位老班长为了让几个伤员不饿肚子，自己不顾疲劳、强忍饥饿来到小水塘为他们钓鱼充饥，自己却一点儿也舍不得吃，最后被饥饿折磨倒下。老班长那舍己为人的精神、那崇高的革命主义品质，深深地打动着我们。试想，当时如果有一把米，老班长也许就不会被饥饿夺去他坚强的生命。在我们的生活中，不少同学不懂得爱惜粮食，他们把饼干、馒头、面包、稀饭随便乱扔，在家里挑吃捡穿……古人有"谁知盘中餐，粒粒皆辛苦"的诗句，我们应该从中领悟粮食珍贵的道理。一粒粒粮食从播种到收割，再到加工成成品粮，至少要经过20道工序，这中间包含着农民的辛勤劳动，每一粒粮食都浸透着农民的心血和汗水。当我们想把咬了一口的馒头扔掉，把吃了一口的饭倒掉时，想一想长征途中的革命先烈吧！我们职业院校学生是中华民族的新生一代，一定要继承和发扬勤俭节约的传统美德：爱惜粮食，从我做起，从小做起，养成节约粮食的好习惯。长征纪念地如图5-1所示。

> ### 概念链接
>
> 光盘行动：光盘行动提倡节约，反对铺张浪费，带动大家珍惜粮食、吃光盘子中的食物，是知名公益行动之一。
>
> 用餐纪律：用餐纪律是集体成员在用餐时必须遵守的规则的总和，是要求学生在用餐时遵守秩序、执行命令和履行职责的一种行为规范。

图5-1　长征纪念地

二、以军人劳动的坚决精神为引领，践行餐桌光盘行动

军人每时每刻都在厉兵秣马、枕戈待旦，军人的劳动是紧绷战备之弦和抢险救灾的坚决。军人，以这种特有的劳动精神表达着对祖国的无限忠诚和对人民的无比赤诚。

图 5-2　光盘行动

光盘行动倡导厉行节约，珍惜粮食，吃光盘中食物，如图5-2所示。光盘行动是节约型餐饮消费的重要表现，在校园践行该行动不仅关系着国家粮食资源节约、可持续发展理念的落实，更关系着学生勤俭生活习惯和良好素质的养成。我们要以军人劳动的坚决精神为引领，践行餐桌光盘行动，养成节俭、珍惜粮食的好习惯。

三、以军人餐桌文化为引导，规范就餐行为

军人听到开饭信号后，列队到食堂门前，齐唱军歌，完成后整队依次进入。就餐时保持肃静，餐毕自行离开。就餐事虽小，但意义重大，是一个人精神内涵的重要体现。我们应以军人的餐桌文化为引导，规范自己的就餐行为，做到在食堂不大声喧哗，不四处走动，就餐时保持安静，餐后把用具摆放整齐，整理好自己的桌面，保持整洁。

四、以军人的就餐行为为范例，塑造完美品质

我们应以军队长征的精神为指导，践行节约粮食的号召，养成节约粮食的好习惯；以军人劳动的坚决精神为引领，践行餐桌光盘行动；以军人餐桌文化为引导，规范就餐行为。我们应当以军人的这些优秀品质为榜样，努力改变自己在生活和学习上的不足，不断从自己崇拜的军人身上学习他们的优秀品质。电视剧《士兵突击》中有句话非常经典："日子就是问题叠着问题。"在就餐纪律问题上，重要的是去发现并改正自己的问题，也就是说，我们要自己去发现问题并且有解决问题的能力。《士兵突击》中还有一句经典的话："他每做一件小事的时候，他都像救命稻草一样抓着，有一天我一看，好家伙，他抱着的是已经让我仰望的参天大树了。"事实再次证明，细节决定成败。我们应以军人的就餐行为为范例，塑造自己

的完美品质，让自己成为一个全面发展的综合型应用人才。

 【案例探析一】

　　某职业院校在一家全国知名企业实习的学生全被企业录用为员工。这一消息迅速在当地传开，很多人好奇这家企业录用某职业院校实习学生的原因。很快，这家企业的人事部部长道出了原因：该职业院校实习学生在企业用餐的情况反映出实习学生具有较高的素质，符合该企业对人才综合素质的要求。该企业人事部门进一步解释说：该职业院校实习学生在企业饭堂吃饭时自觉排队，表明其具有规矩意识；学生吃饭时安静，能把餐具里的饭菜吃光，说明学生具有节约粮食的意识，知道粮食来之不易，珍惜劳动，那他们在企业中也会尽力尽职工作，以自己的劳动为企业做贡献；学生餐后自觉收拾餐具，整理好自己就座的桌面，保持桌面干净，这说明学生具有较强的自理能力，在工作中能够独当一面去开展工作，容易在工作中做出实绩。在听完企业人事部部长的解释后，媒体采访该职业院校实习学生，问及他们良好用餐纪律形成的过程。该职业院校实习学生说，他们良好用餐纪律的形成归功于学校引入半军事化管理，用餐纪律借鉴军队用餐纪律。该职业院校学生认同军队用餐纪律，并内化为自己的行为，形成个人的用餐习惯，在无形中提高了个人的素质。

　　想一想：

　　用餐管理纪律对于某职业院校在一家全国知名企业实习的学生全被企业录用为员工起到什么作用？这个案例给我们什么启示？

　　评一评：

　　本案例中某职业院校在一家全国知名企业实习的学生全被企业录用为员工，企业看中的是学生在用餐等生活小事中体现出来的素质。给我们的启示是，我们职业院校学生应严格遵守学校用餐管理纪律，珍惜粮食，践行"光盘行动"，把学校用餐管理纪律内化为自身的行为，提高个人的综合素质。

 【案例探析二】

　　说到光盘行动，就不得不说到一个关键人物——《中国国土资源报》副社长徐志军。他说，一个国家对粮食的态度，实际上反映了这个国家的文明程度。徐志军出生于江苏省常州市金坛县，在他的印象中，刚上初中的时候家里穷，他从初一就开始在县城住校读书了。他的家在距离县城20多千米的乡下，从村里到乡里有2.5千米，再到县城里还有近20千米。当时他周日回家一次（从周一到周六都有课），周一带一个大饭盒回学校，里面有咸菜和几块肉，这基本上就是他一周的菜了。饭也是自带——用自己从家里带来的米在学校食堂蒸熟，只有中午才花1分钱打一份蛋汤，一周下来，汤钱只有6分钱。周六下午放学后回到乡下赶紧完成作业，周日则经常跟父母下地干活，所以他深知粮食来之不易。

徐志军说，当年李绅曾在常州金坛无锡一带住过。小学老师让他们背诵过《悯农》："锄禾日当午，汗滴禾下土。谁知盘中餐，粒粒皆辛苦。"好多父老乡亲都经历过20世纪五六十年代生活困难吃不上饭的时候，他们吃饭都很节省、不浪费。他们还经常回忆当年吃不上饭时候的故事，这种环境的熏陶和耳濡目染，深深影响了他们的节约习惯。

2013年1月16日，只是一个再平常不过的日子。但这一天，对于徐志军来说，是一个值得记忆一生的日子。这一天，他在认证名称为"徐侠客"的微博上发起"光盘行动"，原文如下："'天天光盘节'，有一种节约叫光盘，有一种公益叫光盘，有一种习惯叫光盘！所谓光盘，就是吃光你盘子里的东西！吃饭时间到，一起参与'光盘行动'吧！俺今天开会开到中午1点多，食堂没饭了，只有方便面。这是我今天中午'舌尖上的大餐'！希望成为'光盘行动志愿者'的同学请举手！"

微博一经发布，迅速得到了社会各界人士的支持和响应。2013年1月20日，中共中央总书记习近平就内参做出批示："要求严格落实各项节约措施，坚决杜绝公款浪费现象，使厉行节约、反对浪费在全社会蔚然成风。"新华社、人民日报、中央电视台等开始展开专题宣传。从"舌尖上的大餐"到"光盘行动"，再到"天天光盘行动"，网名为"徐侠客"的徐志军不停歇的个人行动，打动的是全社会。由一个人发起的光盘行动正如蝴蝶效应般风靡社会。如今，徐志军仍然每天在微博上晒着他的空盘，吸引着更多的人加入光盘行动中来，吸引更多的学生也参与到这项活动中。

[资料来源：黄梓珊.用"光盘行动"找回节俭美德：访"光盘行动"发起人、《中国国

土资源报》副社长徐志军 [J]. 环境教育，2013（3）：14-17.]

想一想：

《中国国土资源报》副社长徐志军的自身行为以及他发起的光盘行动是否对职业院校学生践行节约粮食起到积极的促进作用？这个案例给我们什么启示？

评一评：

本案例中《中国国土资源报》副社长徐志军的自身行为以及他发起的光盘行动在社会上引起了积极反响。平时讲公益，都是在说"给子孙留资源，给未来留蓝天"。我们践行的光盘行动无论是从消费习惯，还是从产生效果来说，都是在节约资源，保护环境。一个人的力量有限，但是如果大家每天都在积极参与、自觉行动，小事也会产生集聚效应。我们应把"谁知盘中餐，粒粒皆辛苦"的认知以及军队的用餐纪律渗透到日常生活中，严格遵守学校用餐管理纪律，珍惜粮食，大家一起践行光盘行动，提升自身素质。

【活动体验】

光盘行动宣传活动

活动目的：加强对餐桌光盘行动的认识。

活动内容：制作光盘行动活动标语、宣传海报，首先在校园餐厅门口进行宣传，然后到学校附近饭店张贴节约粮食标语。

践行感悟：＿＿＿＿＿＿＿＿＿＿＿＿＿＿＿＿＿＿＿＿＿＿＿＿＿＿＿

＿＿＿＿＿＿＿＿＿＿＿＿＿＿＿＿＿＿＿＿＿＿＿＿＿＿＿＿＿＿＿＿＿

＿＿＿＿＿＿＿＿＿＿＿＿＿＿＿＿＿＿＿＿＿＿＿＿＿＿＿＿＿＿＿＿＿

第二节　文明卫生，遵守宿舍管理纪律

【名言警句】

一屋不扫，何以扫天下。

——刘蓉

 【事例导入】

事例一：

某校学生宿舍，张某刚回宿舍就要熄灯休息，其他同学不同意。张某关灯之后，谢某因为有作业没有完成，要求开灯，张某不从并与谢某发生口角。谢某一气之下去开了灯，张某亦不让步。如此反复，最终酿成宿舍斗殴。据了解，张某与宿舍其他成员素来不和，该生性格孤僻、我行我素，不善于与人交流。当天，张某因为感冒一改早出晚归习惯，提前回宿舍要求熄灯休息，未向其他室友说明情况，径自关灯导致事件的发生。事件发生后，经过学校辅导员的教育指导，双方均承认错误，并做检讨。

事例二：

某校女生小王与其他3名同班的女同学住在同一间宿舍，相互之间生活习惯和观念想法差异很大，自己宿舍的物品屡被占用，讨论问题总是话不投机。同宿舍另外3名同学总是乱扔东西，她自己也曾努力将宿舍环境整理干净，但她们却不改正。这样发展下来，宿舍同学关系越来越疏远。她每天都想办法不回宿舍，但是晚上总得回去睡觉，一回到宿舍她又感到不快。其他3人说说笑笑的时候小王一句话也不说。久而久之，小王在生活习惯上也受其他人影响，宿舍再脏乱也不管了，连自己的桌子也不整理了。学校的学习任务本来就繁重，小王每天除了休息几乎都是在学习，时间一长，对学习也失去了兴趣；再加上宿舍环境不好，同学关系不好，小王心情很压抑。

事例三：

2019年10月，某校学生公寓一间宿舍发生火灾，致使配置给该宿舍使用的箱子架、物品柜等因火灾被损，另有价值5000余元的学生个人财物被烧毁。经查，这起火灾事故起因是该宿舍杨同学违反学生公寓管理制度，在宿舍内私自使用大功率电器（寝室当时无人）。具体原因是：插在主接线板的电热杯放在箱子架顶层，水烧干后自燃，并引燃临近的易燃品，如箱子架上所放的书籍、衣物、被子等，最终酿成火灾事故。同年12月，该校另一栋学生公寓某宿舍突发大火。火灾的原因为该宿舍某同学用"热得快"①烧水，因晚上突然停电，她只好将"热得快"从水壶中取出并放到床上，但忘了切断电源，早晨醒来后发现床上的"热得快"已经将床铺引燃，惊慌之下，四处敲门喊醒其他宿舍的学生。由于这名同学逃生时打开了宿舍的门，结果通风后火势更加猛烈。一些女生拿起了楼道内存放的灭火器，但直到十几只灭火器用完，也没能扑灭大火。她们又开始用脸盆接水灭火，但也没能减小火势。消防官兵到来后发现该宿舍楼共有3个通道，其中一个被胶合板钉死，他们打开全部通道，将学生转移，扑灭了大火。

思考和判断：

（1）以上事例中这些同学的行为正确吗？

（2）这些同学严守宿舍纪律了吗？

作为新时代的职业院校学生，在宿舍生活中的言行举止应当努力做到符合创建文明宿舍和卫生宿舍的要求，严守宿舍管理纪律，避免出现像事例中张某和小王这样的行为，造成不良的宿舍氛围和同学间产生矛盾的现象。职业院校学生要以军队的宿舍管理纪律严格要求自己，做到严守宿舍管理纪律，那么具体应该如何做呢？

一、以军人的战友情怀，营造情同手足的宿舍氛围

战友情怀是指在军营生活中战友间的相互帮助、训练场上的摸爬滚打、硝烟战场上的生死与共。我们在宿舍生活中，与室友发生小摩擦和小矛盾时，应以军人

---

① "热得快"是一种电加热器，可用于给液体加热。

的战友情怀对待室友，多一点包容理解和谅解，提高处理人际关系的能力，一起营造情同手足的宿舍氛围。事例一中的张某和谢某因缺乏交流，对彼此缺乏理解和包容，导致由最初的争执发展到宿舍斗殴，这严重违反了校园宿舍纪律，也是极不文明的行为。假如张某和同宿舍的同学能以军人的战友情怀对待彼此，进行主动积极的沟通，对彼此的作息时间多一点理解和谅解，一起协商出彼此能接受的作息时间，相信室友之间的小矛盾会逐步化解，并在解决矛盾的过程中培养真诚的友谊，宿舍氛围也会因此变得更温馨。

二、以军人的高度自律，塑造团结友爱的宿舍文明形象

职业院校学生应以军人的高度自律精神主动关心室友，对室友表达友爱的感情。事例一中的张某如能主动关心谢某，对谢某因有作业没有完成而要求开灯能表示谅解，相信一场争执便能得以化解，谢某也会因张某的理解和支持而感动，两人的室友情也会得到增强。我们职业院校学生应以军人的高度自律精神加强集体观念，营造团结友爱的宿舍氛围。事例二中的小王和同宿舍的同学如果能以军人的高度自律精神加强集体观念，对彼此的生活习惯和观念能求同存异，团结友爱，宿舍矛盾就能化解，彼此就能融洽相处。创建文明宿舍比赛如图5-3所示。

图 5-3　创建文明宿舍

三、以军人吃苦耐劳和团结协作的精神，打造整洁干净的宿舍环境

宿舍文明卫生的干净环境，需要全体室友的共同努力来打造。军人即便面对再艰苦的条件，他们也不喊累、不退缩。他们在摸爬滚打的训练中从不言苦，他们在流血流汗的演习中从不掉队，他们在执行任务中牺牲奉献绝不退后。他们不畏惧冰天雪地的环境，他们能忍受条件艰苦的生活，他们面对风口浪尖、缺粮缺氧等困境都能咬牙坚持，直到圆满完成任务才罢休。我们应以军人这种吃苦耐劳的精神为榜样，打造整洁干净的宿舍环境。

事例二中的小王因其他3名室友总是乱扔东西，刚开始她自己也曾努力将宿舍整理干净，最后小王在生活习惯上也被同化了，宿舍脏乱也不管了，自己的桌子也不整理了。小王和其他3名室友因为缺乏军人吃苦耐劳的品质，不注意个人宿舍卫生，从而影响到彼此感情，产生不利的人际关系。

职业院校有一部分同学喜欢在宿舍吃外卖，吃完就随手将饭盒扔进宿舍的垃圾篓里，又不及时清理，导致整个宿舍发出难闻的臭味，并引来了很多苍蝇、蟑螂甚至老鼠等，宿舍卫生状况堪忧。脏乱差的环境也对宿舍内同学的身体健康造成了不良的影响。同时，个别宿舍不实行轮流搞卫生制度，或者轮到有的同学值日打扫时不够自觉，造成宿舍卫生环境脏乱差，严重影响了住宿同学的身心健康。

作为职业院校的学生，我们应学习军人团结协作的高度自觉精神，学习军人顾全大局、甘愿吃亏、团结合作、关心互助的精神，学习军人之间情同手足的战友之情，努力成为实践社会主义精神文明的模范。我们应以军营宿舍卫生的标准要求，以军人吃苦耐劳和团结协作的精神，打造整洁干净的宿舍卫生环境（如图5-4所示）。个人

图5-4　打造整洁的宿舍环境

床上用品、日常生活用具、桌上其他物品和衣服鞋帽摆放统一，在整理宿舍个人区域卫生的过程中形成良好的行为素养；公共区域保持干净清洁，在劳动中形成良好的生活习惯。这样不仅有助于创建文明卫生的宿舍环境，还有利于培养同学之间温馨真挚的友情。

四、以军人的严格自律精神，保证宿舍安全文明

"军令如山倒"，指军令必须服从，不能抗拒。在红军初创时期，毛泽东同志就提出了"三大纪律、六项注意"，后来发展为"三大纪律、八项注意"，并在红军、八路军、人民解放军中严格贯彻执行。这是我军发展壮大、无坚不摧、战无不胜的重要原因之一。"纪律是军人的生命。"《红军纪律歌》这首歌中就写道："红军纪律十分严明，凡我同志都要记清，这是我军主要生命。"没有纪律或纪律涣散的军队只能是一群乌合之众；若纪律严明，就可以把全军将士凝聚成一个整体，形成高度的集中统一，攻必克、守必固、战必胜。

作为职业院校的学生，我们应该学习军人的高度自律精神，严守学校制定的宿舍纪律制度。中华人民共和国公安部在《高等学校消防安全管理规定》第十八条明确要求："学生宿舍、教室和礼堂等人员密集场所，禁止违规使用大功率电器。"事例三中的学生如果能遵守宿舍纪律"严禁使用各种违章用电器（电暖气、电褥子、电炉、电饭锅、电饭煲、电火锅、电磁炉、微波炉、'热得快'等）；严禁使用液化气、煤油炉、酒精炉、蜡烛等易燃易爆物品；严禁私拉乱接电源线；离开宿舍时要随手拔掉插头，防止漏电引发火灾"，就不会造成宿舍火灾，给同学带来严重的安全隐患。

五、以军人的高度自律精神，遵守宿舍的作息制度

宿舍是供学生学习、休息的场所，同学们应以军人的高度自律精神，以互相体谅、互相宽容的心态遵守宿舍的作息制度。军队作息制度要求按时就寝。因故不能按时就寝时，应当保持肃静，不得影响他人休息。中国军人历来最重视纪律，把服从命令、听从指挥视为自己的天职。无论是军事生活还是社会生活，无论是集体活动还是个人事务，总是高度自觉地严格按照国家、军队各项规定，迅速、准确、协调一致地行动。军人注重自我约束，自觉养成令行禁止、雷厉风行的优良作风；军人注重步调一致、秋毫无犯的良好形象；军人注重无条件服从和坚决照办的行为

态度。我们当中有一部分同学自律性不够，在作息时间高声喧哗、打闹、放音乐、弹乐器、洗衣物等，严重影响他人休息。宿舍固定的作息时间能让同学们得到充分休息，保证有充沛的精力去学习和生活。但如果宿舍同学不能遵守作息时间，一方面，同学之间会产生矛盾摩擦，无法和睦相处，无法营造文明友爱的宿舍氛围；另一方面，长此以往，由于宿舍吵闹同学们无法正常睡眠，会影响身体健康，进而影响生活质量和学习效果。同学们应珍惜相聚的缘分，以军人的高度自律精神、战友情怀、团结互助品质争创文明宿舍，共创宿舍文明友爱环境，共享美好生活。

【案例探析】

　　小李来到某职业院校，开始了人生中第一次住宿生活。由于第一次和同学住在一起，没有在家的个人空间，小李感觉到有点不适应：在家的时候，小李从不整理自己的衣物，都是由妈妈代劳，而在职业院校，宿舍管理引入半军事化管理，宿舍规章制度明确要求，个人物品要摆放整齐，被子要叠成类似于军训时的豆腐块样，这些要求让小李觉得受约束和浪费时间。但看到其他室友非常积极主动地摆放好个人生活用品，打扫好宿舍卫生，小李逐渐自觉地按学校规章制度要求摆放好个人生活用品。有一次放假回家，小李主动整理自己房间里的生活用品并打扫了房间的卫生，这一幕刚好被小李的妈妈看见，小李的妈妈激动地抱住小李说："想不到你去学校不久，就学会了自己整理生活，妈妈对你就读的学校非常满意，也非常开心能看到你的成长。"小李听了舒心一笑，他知道是学校的宿舍管理纪律让他成长。小李也开始喜欢上宿舍团结友爱的文明氛围。有一次小李不舒服，浑身没有力气，躺在床上休息。室友看出小李和以往的不同，得知小李不舒服之后，室友主动提出帮小李打饭，并买了一些小李喜欢吃的水果削给他吃。当晚深夜的时候，小李突然感觉恶心并呕吐，室友全被惊醒了，他们有的拿水给他喝，有的帮他清理衣物，有的清洁地板。由于室友用心的照顾，小李逐渐好起来，第二天上午就康复了。自从这次生病后，小李感觉宿舍像家一样温馨，室友就像自己的兄弟般真诚、团结和友爱，小李感觉能在这样的宿舍里生活，非常幸福。

想一想：

宿舍纪律对案例中的小李有什么影响？这个案例给我们什么启示？

评一评：

本案例中小李在半军事化宿舍管理中学习和生活，由最初的不适应到习惯到最后的喜欢，小李体会到宿舍管理纪律对自己良好习惯的养成和文明素质的提高的影响。我们职业院校学生应努力遵守职业院校宿舍管理纪律，为建设文明和卫生的宿舍做出自己的贡献。

【活动体验】

认 识 自 我

活动目的：认识沟通与协调的重要性，增强集体意识和纪律意识，学会和他人和睦相处。

活动内容：以宿舍为单位，对个人的性格、行为习惯、与同学的沟通相处方式等进行自评和互评，要有具体评分和具体评语。

践行感悟： _____

_____

_____

第三节　训练会操，遵守活动管理纪律

【名言警句】

有健全之身体，始有健全之精神。若身体柔弱，则思想精神何由发达。

——蔡元培

必须从年轻时期就打好基础，随时随地去锻炼身体。

——徐特立

【事例导入】

　　小南是某职业院校2019级新生。学校对新生实行半军事化管理，要求新生周一至周五的早晨准时参加集体广播体操，并且参加限时的会操。小南刚开始觉得很新奇，非常积极地参加。但没过几天，小南就坚持不下去了，他觉得非常累，而且他觉得每天的活动都很类似，动作基本都相同，生活非常枯燥和单调。他逐渐厌烦了这种日复一日的重复操练，于是他选择了逃避或懒散对待，以身体不舒服为由，连续请了几天假，待在宿舍里偷偷玩游戏。实在找不到理由请假的时候，小南也会参加集体训练，但在训练时也是敷衍了事，不认真，动作经常出错，与队伍中其他同学的动作极不协调。很多次广播体操结束后，体育委员都主动找到小南，提出要帮助他纠正动作，小南总是以各种理由拒绝体育委员的帮助。在一次全校大型广播体操比赛中，小南的动作经常出错，与其他同学动作明显不一致，导致全班集体被扣分，全班得分在全校倒数第一。而且，因为经常缺席学校的集体广播体操，小南感觉自己的身体素质明显下降了，在一次体育3000米长跑考试中，小南跑了2000多米就晕倒了。

思考和判断：

（1）小南在学校集体活动中的表现和想法正确吗？

（2）小南做到严守集体活动纪律了吗？

作为职业院校的学生，我们经常要参与到校园组织的各种集体活动中，例如训练、会操、升旗仪式和大型晚会等集体活动。上述事例中的小南，他在学校集体训练活动中经常借故不参加，即使参加也不认真训练，训练表现散漫，没能做到遵守纪律、令行禁止，没有体现出职业院校学生应具备的素养。我们职业院校学生，应如何借鉴军事化的训练和会操，最大限度地利用广播体操和大型集体活动来提高

> **概念链接**
>
> 大型集体活动：师生共同参加的校内外集体活动，包括各类庆典演出及其他各类社会活动。
>
> 集体活动管理纪律：在集体活动中，要求每位成员都必须遵守的规章、条文以及履行职责的一种行为规范。

自身的素质，避免出现像事例中的小南既影响集体荣誉，又影响自己身体素质的不良后果呢？我们要以军队的大型集体活动管理纪律严格要求自己，做到严守广播体操和大型集体活动管理纪律。具体应该如何做呢？

一、以军人铁的纪律，树立纪律意识

军人铁的纪律是一切行动听指挥；不管是暴雨洪水滔天，还是地震地动山摇的危难时刻，都不惧危险，不惜以自己的生命为代价，抢救老百姓于水火之中；无论是执勤行动，还是生活外出，都以整齐划一的行动展现纪律严明的素养。我们应以军人这种铁一般的纪律对待学校的广播体操和大型集体活动，在集体活动中树立纪律意识。事例中的小南为逃避训练，违反学校的纪律，借故请假或在训练中不认真，导致影响了自己所在集体的声誉，也不利于自己身体素质的提高。以军人铁的纪律严格要求自己，认真参与训练，按时参加学校组织的各种大型集体活动，才能让自己更好地融入集体，并在集体活动中提高个人素质，如图5-5所示。

图5-5　遵守集体活动纪律

二、以军人的优良作风，提高自身约束力

纪律严明是强军兴军的坚强保证。杨秀清在《太平天国》中写道："令严方可肃兵威，命重始于整纲纪。"军队必须通过强有力的纪律约束确保行动高度集中统一。作风体现一支军队的政治本色和精神风貌，优良作风是我军克敌制胜的法宝，也是革命军人意志品质的体现和成长成才的关键。

如果把军人的品质比作一座大厦，那么作风就是这座大厦的基石、钢筋、混凝土。没有军人过硬作风的支撑和凝固，军队很可能会意志不坚、战备松懈、纪律松散、战斗力堪忧，因此优良作风是军人意志品质的充分体现。事例中的小南一开始对于会操训练感觉新奇，非常积极参加，但没过几天他就觉得非常累、枯燥和单调，选择了逃避训练，这是缺乏自我约束力的表现。自我约束力是适应社会主义法制建设的需要，也是自身发展的需要，同时也是成人、成才的必备条件。因此，作为职业院校的学生，我们应该努力加强自身军人优良作风的培养，学习军人艰苦奋斗、吃苦耐劳的优秀品质，培养自我约束力，这样才能不断学习提高、与时俱进。

三、以军人吃苦的意志，练就强健的体魄

军人吃苦的意志体现在无论是面对与国内外敌人战斗的凶险局面，还是面对与洪水、疫病、冰雪、地震等自然灾害较量的险要关头，军人都能舍生忘死、迎难而上、不畏艰险和顽强拼搏。吃苦耐劳是军人履行使命的必备素质。但有些同学认为，现在经济社会发展了、物质生活条件改善了，苦似乎越来越少，再提吃苦意义不大。我们应清醒地认识到，局部环境的改变、条件的改善、生活水平的提高，并不能改变奋斗之艰苦，我们面临的考验和挑战，不是弱了，而是强了。身为职业院校的学生，我们应该要下功夫努力学习、踏实训练和刻苦钻研，吃更多的学习之苦、训练之苦、钻研之苦，这样才能更扎实地掌握新知识、新技能、新本领，更勇敢地担起新时代新的使命任务。吃苦是成长的催化剂，是发展的奠基石。吃苦，会让人的身体更加强健，意志力更加坚定，生命力更加旺盛。我们应以军人这种吃苦的意志积极面对学校举行的大型集体活动，在参加各类大型集体活动中积极付出，在各种大型集体训练和活动中练就强健的体魄，培养坚强的毅力、意志和吃苦精神，如图5-6所示。事例中的小南如果能积极参加学校的大型广播体操和训练活动，

在活动中能克服困难，那么他就不会轻易地在一次3000米长跑考试中晕倒，也会拥有更强健的体魄。

图 5-6　积极参加大型集体活动

四、以军人的牺牲奉献精神，树立集体荣誉理念

军人为了国家的繁荣强大，可以牺牲自己的青春，牺牲与亲人的相伴甚至牺牲自己的生命。牺牲意味着奉献，正是因为有军人默默的奉献，国家的繁荣昌盛才能得到安全保障。我们应以军人这种牺牲奉献的精神对待学校的广播体操和大型集体活动，在集体活动中树立集体荣誉理念。事例中的小南拒绝体育委员帮助其纠正错误的动作，导致他在集体会操比赛中因动作与其他同学不一致使班级被扣分，影响班级荣誉。从这件事中可看出小南缺乏集体荣誉理念，个人主义思想控制其生活和学习，这容易使小南脱离集体，形成独来独往的人际交往关系和孤僻的性格，不利于其个人成长。我们应以军人的牺牲奉献精神，树立集体荣誉理念：在会操训练或其他大型集体活动中，为了集体荣誉，每个学生都应心往一处想、劲往一处使，形成一股合力，发扬团队精神，充分调动和发挥体力、智力等方面的潜力，努力以最好的成绩和精神面貌为自己的班级赢得荣誉，打造具有凝聚力和竞争力的班集体。

【案例探析】

丁晓兵，入伍20多年，武警8722部队政治委员。在一次重大军事行动中，身为侦察大队"第一捕俘手"的丁晓兵，在敌人阵地生擒一名俘虏。他在回撤途中，为掩护战友和俘虏，抓起敌人投来的手雷向外扔的刹那间，手雷突然爆炸，右臂被炸伤。为了把任务完成到底，他以惊人的毅力用匕首割下残臂，扛着俘虏，冒着炮火翻山越岭4个多小时才与接应分队碰上头。之后，他一头栽倒在地。战友们以为他牺牲了，含泪为他整妆，紧紧抱着他迟迟不忍让他就此而去。路过的前线医疗分队被这个场面深深感动，于是从丁晓兵的腿部动脉血管强行压进2600毫升血浆。死神就这样与这位独臂英雄擦肩而过。

在这次军事行动中，丁晓兵失去了右臂。当英雄被鲜花与赞誉围绕时，南京航空航天大学的一名大学生给他写了封信，信中的话让丁晓兵深感意外："成为英雄，你只算过了第一关，如果有这样的机会我也可能成为英雄。我现在并不佩服你，如果10年或者20年以后依然还有事迹在你的身上出现，到那个时候，这个英雄的称号你才当之无愧。"

20年过去了，丁晓兵时刻不忘这封来信。从连指导员、干事、营教导员、团政治处主任到团政治委员这一系列的岗位上，丁晓兵交出了一份出色的"回信"：他所带领的集体，先后获得248面奖牌和36个奖杯。

{资料来源：独臂英雄丁晓兵：请允许我用左手敬礼[EB/OL].（2012-10-10）[2020-10-04]. http://www.china.com.cn/guoqing/2012-10/10/content_26751483.htm. }

想一想：

丁晓兵在军事集体活动中做到严守纪律了吗？这个案例给我们什么启示？

评一评：

本案例中丁晓兵在一次重大军事集体行动中，为掩护战友和俘虏，抓起敌人投来的手雷向外扔的瞬间，右臂被炸伤，体现了丁晓兵为了集体甘愿牺牲自己的精神；为了把任务完成到底，他以惊人的毅力坚持到与接应分队碰上头，这体现了丁晓兵拥有超乎常人的吃苦的意志和强健的体魄，同时充分证明丁晓兵具有军人铁一般的纪律意识。我们职业院校学生应像丁晓兵那样严守大型集体活动管理纪律，做到以军人铁一般的纪律，树立纪律意识；以军人的优良作风，提高自身约束力；以军人吃苦的意志，练就强健的体魄；以军人的牺牲奉献精神，树立集体荣誉理念。

 【活动体验】

活动 1：　"遵纪"专题讨论会

活动目的：加强对遵守集体活动纪律的认识。

活动内容：请围绕以下主题在班级内开展一场讨论会或者辩论赛，分组通过PPT展示成果。

（1）在大型集体活动中，我们要自觉遵守哪些纪律？

（2）为什么我们要树立集体荣誉感？

（3）现在我们的生活水平提高了，物质条件改善了，还需要学习军人吃苦耐劳的精神吗？

（4）参加集体广播体操活动对我们来说有什么助益？

践行感悟： _____

_____

活动 2：　"严纪"故事分享会

活动目的：加强对严守活动纪律的认识。

活动内容：班级分成4～5个小组，小组成员分别分享古今中外或日常生活中严守纪律的小故事，也可以是因不遵守纪律而造成不良后果的案例。小组内评选出最佳故事或者案例，在班级内开展严纪故事分享会，可制作PPT进行讲解或者由小组成员模拟故事情境，最后全班投票选出最佳严纪故事。

践行感悟： _____

_____

校运会

第四节　生活作息，遵守学校作息制度

【名言警句】

立德之本，莫尚乎正心，心正而后身正。

——傅玄

 【事例导入】

小赖是一名职业院校的学生，入学后住进6人间的学生宿舍。一开始宿舍里同学关系非常和睦，但是渐渐发现大家生活习惯上有着很多差异，特别是小赖平时习惯上完晚自习回到宿舍后，洗完澡11点准时上床休息，但是丽丽和小兰总是一直在宿舍用音响公放音乐，甚至在宿舍熄灯时间过后，还违反学校作息纪律，继续看视频和听音乐。有时候丽丽凌晨1点还在和男朋友很大声地视频聊天，严重影响了小赖的正常休息，导致小赖有时候难以入眠，第二天上课精神萎靡，无法集中注意力听课，期末学习成绩比上学期退步了十几名。小赖感到十分沮丧和无奈，又不想和丽丽、小兰起争执，怕影响宿舍关系，无助的她找到了辅导员倾诉，请求辅导员给予建议和帮助。

辅导员在了解情况后，首先安抚好小赖的情绪。为了保护小赖不被宿舍同学排挤，辅导员没有专门找丽丽和小兰谈话，而是开展了一次宿舍纪律主题班会。辅导员特别重申了宿舍作息纪律问题，帮助同学们树立纪律观念，使他们认识到养成良好作息习惯的益处，并且组建了班内纪律检查小组，每天不定时对宿舍进行抽查，违反作息纪律的同学将被记名，在综合测评中扣除相应分数。过了一段时间，班内同学们都养成了良好的作息习惯，丽丽和小兰也不再深更半夜在宿舍放音乐和喧哗等。在严格的纪律作风下，同学们的学习成绩也有所提高。

思考和判断：

你从这个故事中得到什么样的启发？

同学们就读职业院校后，基本上都需要入住学生宿舍，有可能是6人间、8人间，也有可能是12人间，这意味着宿舍是一个集体共享的区域，是同学们共同学习生活的地方。在这样一个空间里，大家可能来自五湖四海不同省市，从小生长环境和个人习惯很有可能都存在着较大差异。而要处理好宿舍关系，营造良好的宿舍氛围，首先就应该立下具有共识的规矩和纪律，除了讲究人情味，更应该按规矩办事，才不容易逾越他人底线，造成各种宿舍矛盾。学校有规范的宿舍管理制度和作息纪律，

> **概念链接**
>
> 作息时间：这里主要是指在开展各项日常活动的时间，包括起居时间、饮食时间、上下课时间安排等，是为了能更有规律地学习、工作和生活，或者说是为了能够更合理有效地利用每天的时间，从而安排好时间点，并且遵照这个时间节点去做事。

同学们必须遵守学校的作息规定和要求，才能将学校宿舍打造成为一个既有原则又温馨的家。

一、严守学校作息纪律，合理配置个人时间

我们在校学习生活，很重要的一点就是应当树立好自己个人的时间观念。职业院校实施半军事化管理，以军队纪律来严格要求同学们的作息安排，通常都制定了非常清晰明确的作息时间表，包括早操早读时间、上课时间、课间休息时间、午休时间、劳动值日时间、晚修时间、熄灯时间等。对每个时间节点、什么时间该做什么事情，学校通常都有着详细具体的安排，这是为了帮助同学们保持合理科学的学习生活节奏。

在学校的作息制度之下，我们应当严格遵守纪律，结合自身实际，合理分配好个人的时间。例如，午休时间就应当严守午休纪律好好休息，如果违反纪律，把午休时间用来打游戏或者做其他事情，就有可能会影响下午的精神状态，导致无法集中精力学习，甚至拖慢一整天的学习进度。所以我们一定要学会把握学习和生活的"节奏感"，严格遵守学校经过多年调查研究制定出来的作息制度，把控好个人时间，同时也不影响他人的作息，共同遵守作息纪律。这样学校也能有条不紊地发

展，进而更好地服务同学们，帮助同学们成长成才，促进同学们个人的发展和进步。

二、遵照宿舍管理制度，塑造自身道德形象

我们在集体宿舍学习生活，一定要遵守宿舍的管理制度，特别是学校要求的熄灯时间。熄灯时间的存在就是为了帮助同学们养成早睡早起的良好生活习惯。有部分同学喜欢在熄灯过后继续看电视剧、打游戏，甚至大声喧闹，这不仅会影响个人的生活质量和第二天的学习质量，也容易影响宿舍其他人休息。特别是在深夜里打扰其他同学睡觉，这是不道德的行为，容易影响宿舍关系的和睦，同时也违反了学校的作息纪律。

我们应当自觉学习军人的集体意识和大局观，严格遵守宿舍管理制度。在学习时间学习，在熄灯时间熄灯，在休息时间休息，做到劳逸结合，以军人的作风要求自己，树立在校自律意识，做到令行禁止，塑造文明道德的个人形象。事实也证明，遵守纪律才能维持好原则底线，维护宿舍关系和谐稳定。

【案例探析】

某职业院校的小明是一名品学兼优的学生，出身于普通家庭，做事积极主动、上进负责，受到同学、老师的一致好评。这学期小明和一个师妹谈恋爱了，他们每次走在校园中都收到很高的回头率，毕竟小明在学校里积极参加了很多校园文体活动，又经常受到老师的称赞和表扬，可以说是学校的"红人"。或许是因为第一次谈恋爱，小明把精力都集中在谈恋爱和照顾女朋友上。慢慢地，小明找了各种理由不参加校园活动，在活动中的身影逐渐减少，同学们也开始对他有各种看法和闲言碎语。在宿舍中，小明也是毫不避讳，高调"晒"自己对女朋友如何好，经常在公共场合——寝室大声讲电话、通视频等，对自身在公共场合的道德形象一点都不在意。

女朋友过生日那天晚上，小明为她在学校某地方专门布置了一场浪漫的生日晚会。晚会结束后已经超过12点，小明偷偷把女朋友带回宿舍过夜，严重违反了宿舍纪律和作息纪律，被舍友发现后举报给宿管和辅导员，造成了不良影响。辅导员得知后找他们两人进行了一次长谈，了解情况后，在尊重他们自尊心的基础上开展了

批评和教育。小明认识到自己思想和行为举止上的错误，在辅导员的引导下开始树立正确健康的恋爱观，坚持遵守学校纪律，逐渐养成好的行为习惯和作息规律。

想一想：

小明的行为举止违反了学校的什么纪律？

评一评：

小明一是违反了学校的作息纪律，在晚上12点后晚归，超过了熄灯时间，不仅在纪律作风上是错误的，而且也严重影响了同宿舍其他同学的作息，并且违反了学校规章制度。二是违反了学校的宿舍纪律，深夜带异性回宿舍过夜，这不仅影响自身和同伴的声誉，不利于个人发展，同时也损害了学校的形象。

职业学校实施半军事化管理，通常纪律严明，有着严格系统的管理制度，在学生学习生活安排上有着非常明确的时间表和要求，特别是在作息方面。同学们都应严格遵照学校作息纪律，自觉配合制度管理，讲原则、守纪律，形成和睦宿舍关系和良好生活习惯。

【活动体验】

"作息纪律"班级辩论赛

活动目的：加强对作息纪律的认识。

活动内容：请围绕以下主题在班级内开展多场辩论赛，让大家充分对作息纪律问题进行深入思考。

（1）宿舍是否应该统一作息时间？

（2）严守作息纪律是否能提高学习和工作效率？

（3）纪律是否会限制学生个性的发展？

（4）熄灯时间过后，是否应该断电断网？

（5）学习是否比纪律更重要？

践行感悟： _____

_____

_____

第五节　安全防范，遵守安全管理纪律

【名言警句】

先其未然谓之防，发而止之谓之救，行而责之谓之戒。防为上，救次之，戒为下。

——《荀子》

【事例导入】

2008年5月5日某学校X号楼6楼一女生宿舍因学生使用电器插头连接不规范，且长时间充电造成电器线路发生短路，火花引燃该接线板附近的布帘等可燃物，并迅速蔓延向上造成火灾。发生火灾后，着火楼内到处弥漫着浓烟，事发的6楼能见度非常低。发生着火事故的宿舍楼可容纳学生3000余人，火灾发生时大部分学生都在宿舍楼内，幸好消防员及时赶到并将5楼以上的千余名学生紧急疏散，事故才没有造成人员伤亡。事故发生后，该学校组织人员对该宿舍楼进行检查，共发现有1000多件违规使用的电器，其中最易引发火灾的"热得快"就有30多件。

思考和判断：

（1）造成上述火灾的最主要原因是什么？

（2）在宿舍私拉电线插座是违纪行为吗？

学校是教学的场所，很多学生因专心投入学习，对其他事情关心较少，安全意识往往比较薄弱，安全防治观念不强，思想麻痹，缺乏防范意识和安全知识，近年来学生安全事件常常见诸报端。校园火灾、校园暴力、楼道踩踏、食物中毒、溺水、交通事故等，这些安全事故每天都在吞噬着"祖国的花朵"。我们职业院校因为培养人才方式的特殊性，不仅在校内有大量的实训和操作课程，同学们还要到校

概念链接

安全：是指没有受到威胁、危害，没有危险和损失。人类的整体与生存环境资源和谐相处，互相不伤害，不存在危险、危害的隐患，是免除了不可接受的损害风险的状态。安全是在人类生产过程中，将系统的运行状态对人类的生命、财产、环境可能产生的损害控制在人类能接受范围以内的状态。

校园事故：从广义上讲是指学生在校期间，由于某种偶然突发的因素而导致的人为伤害事件。就其特点而言，一般是因为责任人疏忽大意、过失失职而不是因为故意而导致事故的发生。

外参加大量的见习和社会实践服务，存在着很多的安全不确定因素。在这么多的安全隐患面前，我们应该怎样做才能防患于未然呢？

一、学习安全知识，提高安全意识

生命是世界上最宝贵的东西，当我们还小的时候，我们的生命在父母的呵护下健康成长；现在，我们长大了，离开了父母外出求学，我们的生命得靠自己来呵护。虽然我们无法预知危险何时来临，但我们可以做到认真学习安全知识，提高安全意识，严守安全管理纪律，确保自己在安全、健康的环境下茁壮成长。

学习消防类知识，参加校园消防演习（如图5-7所示），我们便能掌握消防的基本要求和处理办法，遇到火灾时知道如何成功脱险；学习《中华人民共和国道路交通安全法》相关知识，我们不仅能认识交通信号灯，还能提高在行走、骑车、乘坐公共交通工具等时的安全意识，懂得注意交通安全、有效躲避风险；学习安全防御类知识，当我们受到不法分子侵害时能懂得如何有效求救；学习体育课安全类知识，我们就能识别不同的训练内容、不同的器械，认识到需要注意的事项；学习网络安全类、意外伤害、自救自护类等的安全知识，我们的安全意识便会在无形中得到提高，在面临危险时能有效避免伤害。

（a）

（b）

图5-7　校园消防演习

二、严守安全规定，做好安全防范

2015年12月，国内某学校化学系的一间实验室发生爆炸火灾事故，造成一名正在做实验的32岁博士后当场死亡。

触发此类安全事故的主要原因多是违反实验操作规程或实验操作不慎。职业院校作为培养技术技能人才的基地，开设有大量的实训操作课程。正所谓技术天天练，事故日日防，同学们在上体育课或在教室、实验室、研究室学习和工作时，一定要听从老师的安排，做好安全防范，严格遵守各项安全管理规定、操作规程和有关制度，不擅自行动。使用仪器设备前，应认真检查电源、管线、火源、辅助仪器设备等的安全情况，如放置是否妥当、操作人员对操作过程是否清楚等，做好准备工作后再进行规范操作。设备使用完毕后应认真进行清理，关闭电源、火源、气源、水源等，还应清除杂物和垃圾。涉及使用易燃易爆危险品时，一定要注意防火安全规定，严格按照规定和老师提示的注意事项一丝不苟地进行操作。我们只有在学习工作中严守安全规定，做好安全防范，严格按照实训要求进行操作，才能保护好自我。

三、遵守安全管理纪律，增强自我保护能力

1. 正确认识纪律与自由的关系

有的同学认为，讲纪律就没有自由，讲自由就不能受纪律的约束。这种看法无疑是错误的。纪律，是保证所有成员成为一个体系的外在条件。就如我们需要一升水，但如果没有容器来装它，我们就不能完整地获得所需的水，而安全纪律就像盛水的容器一样，起到容纳自由的作用。

俗话说："无规矩不成方圆。"鸟儿在空中飞翔，鸟儿是自由的；鱼儿在水中嬉游，鱼儿是自由的。但如果把鸟儿放入水中，让鱼儿离开水，那么它们不仅得不到自由，还会很快死掉。人走在马路上是自由的，但如果不遵守交通规则，乱穿马路，被车辆撞到，那就有可能失去行走的自由。

2. 遵守安全纪律的重要性

我们遵守校园交通安全管理纪律，在校园中走路时，不边走边看手机（书）、听音乐、接打电话，多注意来往车辆，就可减少校园内交通事故的发生；我们遵守校园暴力安全管理纪律，不将易燃、易爆、有毒危险物品或受治安管制的刀具、凶

器带进校内，就可减少园内出现爆炸或伤害事件发生的可能性；我们遵守游泳安全管理纪律，不到非正规游泳场所或无正式救生人员保护的场所游泳，就可避免溺水悲剧的发生；我们遵守饮食安全规则，选择到正规的商店、超市购买保质期内的食品，选购取得相关认证的食品企业的产品等，就可避免出现饮食安全事故。

在遇到台风、洪水、地震等自然灾害和重大传染病等突发事件时，我们服从学校统一调度安排，就能高效有序地应对风险；在参加外出实习、参观、旅游等集体活动时，如果我们能注意交通安全，遵守安全管理纪律，做好安全防范，就能安全愉快地完成各项任务。

在宿舍里，我们若自觉遵守宿舍安全管理纪律，严格执行宿舍管理制度，服从宿舍管理人员的指导，做到在宿舍不破坏、不乱拉乱接电线（如图5-8所示），不使用电炉、"热得快"、电热杯、电饭煲等大功率电器，不在宿舍使用明火，不将易燃易爆物品带进宿舍，爱护消防设施和灭火器材，不随意移动或挪作他用，室内无人时，自觉关掉电器和电源开关等，就能杜绝宿舍火灾的发生。不在阳台及走廊护栏摆放容易下坠伤人的重物，不在阳台及走廊护栏上做坐卧、嬉闹等危险动作，就能杜绝高空伤人安全事件的发生。妥善保管好自己的贵重物品和现金，就能避免财物丢失等。

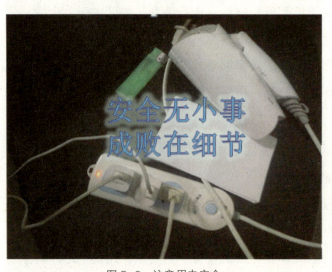

图5-8　注意用电安全

防范安全事故是每一位公民的共同责任。我们在校学生涉世未深，社会经验较少，故此，我们须时刻敲响安全的警钟，从思想上树立牢固的安全意识，不迷恋网吧，以正当的方式交友，建立良好的人际关系，克服不良情绪，保持心理健康，理性参与金融消费，传递青春正能量（如图5-9所示），自觉抵制不良诱惑，共同维护纯洁的学习殿堂。只有把安全管理纪律贯彻到日常学习生活工作中，强化校园安全建设，才能确保校园长治久安。

我们应做到，发现安全隐患，及时报告老师；掌握安全应急常识；牢记应急电话：火警119，匪警110，急救电话120，交通事故报警电话122。

因为热爱生活，我们在校园中释放活力，憧憬未来；因为珍爱生命，我们在生活中注意防范，拒绝伤害。让安全的意识常驻我们心间，自觉提高自律守纪

图5-9　传递青春正能量

意识和安全防范能力，规范自我的行为举止，塑造当代职校学生的良好形象，共同强化安全管理，推动安全文明校园建设，让我们的校园四周闪耀生命的光辉。

【案例探析】

小周是某职业院校二年级的全日制寄宿学生，平时爱好玩游戏。2011年11月29日，小周在下晚自习后同本班的两名同学偷偷溜到学校附近的网吧玩游戏。小周等3人玩至次日凌晨3点左右，回学校时因校门已关，便从学校东侧围墙边借助树木翻墙进入学校。进入学校后，同行的两人迅速躲进了教室。稍落后的小周因听见有说话声担心被人发现，便钻进了一辆停在旁边的货车底部。小周刚钻进货车底部，货车司机因为要出去进货便走了过来，不知车底有人的货车司机上车后便启动车辆，误将小周碾压致死。

想一想：

该案例中的同学遵守学校安全管理纪律了吗？这个案例给了我们什么启示？

评一评：

本案例中的3名同学无视学校规章制度，在正常上学期间私自外出到网吧玩游戏，同时不遵守学校的安全管理纪律，以危险的方式回校、躲避，最终有一人付出了惨重的代价。我们青年学生一定要引以为戒，严守校规校纪，严格遵守安全管理纪律，珍爱生命。

【活动体验】

"网络安全"演讲比赛／辩论赛

活动目的：增强网络安全意识。

活动内容：请围绕以下内容在班级举办演讲比赛或辩论赛。

（1）如何构筑网络安全屏障？

（2）大学生网贷之根源在网络还是在学生？

（3）如何识别网络谣言？

践行感悟： _____

_____

_____

第六章　社团管理半军事化，坚守社团管理纪律

【导语】

习近平总书记强调："社会是个大课堂。青年要成长为国家栋梁之材，既要读万卷书，又要行万里路。社会实践、社会活动以及校内各类学生社团活动是学生的第二课堂，对拓展学生眼界和能力、充实学生社会体验和丰富学生生活十分有益。"职业院校社团管理半军事化，我们应树立合作、互助的团队意识，在潜移默化中将规则意识内化，自觉做到坚守社团管理纪律。在护校队社团，我们应以军队生产安全的使命、以军人主动担当的信念和刚正不阿的精神维护校园安全纪律；在考核队社团，我们应以军队廉政文化、以军队领导自律的示范和以军人实干的精神严控校园廉洁纪律；在纪律委员会社团，我们应以军队的群众路线方针和以军人勇敢主动的意识严守管理纪律。

第一节　建立护校队，维护校园安全纪律

　　自觉讲诚信、懂规矩、守纪律，襟怀坦白、言行一致，心存敬畏、手握戒尺，对党忠诚老实，对群众忠诚老实，做到台上台下一种表现，任何时候、任何情况下都不越界、越轨。

——习近平

【事例导入】

　　一名陌生男子拿着一本很精致的笔记本对某职业院校学生小阳说："同学，这本笔记本我2元钱卖给你，你能4元钱把它推销出去吗？"小阳接过笔记本看了看，觉得质量还不错，颇有信心地点点头。那个人看到小阳对他的"诱饵"感兴趣，就打开他那装得鼓鼓的书包对小阳和小阳的同学说："你们看，我这里还有水彩笔、钢笔、笔芯、雨伞——全是名牌，一律3元钱！我以低价格卖给你们，你们在学校卖的时候价格可以高一点，我这一包东西可以让你们最少挣到500元钱！"面对眼前利润的诱惑，小阳用400元钱买下了这些东西。可当那名男子走后不久，小阳就发现：一盒200支的笔芯只有七八十支，还都被胶带粘在盒壁上；水彩笔也只有外面的一层，里面夹的全是硬纸。小阳赶紧给那个人打电话，却发现他留的电话号码是空号。

　　思考和判断：

　　（1）事例中小阳的做法正确吗？

　　（2）小阳做到严守校园安全纪律了吗？

作为职业院校学生，我们经常会遇到安全问题，例如信息安全、财产安全、人身安全和心理安全等问题。像上述事例中的小阳被骗，就体现出他没有具备学生应具备的安全意识。我们职业院校学生，如何借鉴半军事化安全管理来提高自身的安全意识，避免出现被骗等不安全事件？我们应如何做到以军队安全管理纪律严格要求自己，做到严守学校安全管理纪律呢？

> **概念链接**
>
> 学生护校队：学生护校队是学生自主参与学校管理，由学生干部组成，以保护学校公共财产及学生的人身、财产安全，以建设和谐校园为目的的社团组织。
>
> 校园安全：是指校园内全体师生员工的安全和校园内基础设施的安全。

一、以军队维护生产安全的使命，牢固树立安全第一的意识

出没于苦寒之地，行走于瘟疫之乡，决胜于战火之中的军队，特别是在非和平年代，保卫着我们的领土、领海和领空，他们毫不犹豫、义无反顾地面对烽火硝烟的战场和抢险救灾的险境，保卫人民幸福生活、捍卫祖国和世界和平。我们应以军队维护生产安全的使命，牢固树立安全第一的意识，在脑海里时刻要有安全的意识，以确保人身安全、设备和产品安全，以及交通运输安全等，主要是以"预防为主、预防为上"。

二、以军人主动担当的信念，建立学校安全护校队

勤于担当、敢于担当的军人在革命战争年代不怕牺牲，勇往直前；进入新时代，军人选择"最帅的逆行"。军人主动担当的职责体现在守护一方平安、情系群众和守家卫国。我们应以军人主动担当的信念，建立学校安全护校队，如图6-1所示。

（a）

（b）

图6-1　学校安全护校队

安全护校队每天定时在学校里巡逻，发现异常的人和事及时向辅导员和学校领导汇报，主动担当维护学校安全的责任。

三、以军人刚正不阿的精神，远离危险陷阱

军人刚正不阿的精神体现在全心全意为人民服务，不拿群众一分钱，不占小便宜。我们应刚正不阿的精神对待生活中的诱惑，做到远离危险陷阱。事例中的小阳如果不被眼前的利润诱惑，就不会被骗子骗到钱。骗子往往会抓住人们喜欢贪小便宜的心理设套行骗，我们如果能做到像军人一样刚正不阿，就能远离危险陷阱。

 【案例探析】

作为部队出身的资深飞行教员，刘传健的言行举止都散发着军人严谨、刚毅、沉稳的气质。关键时刻，他敢于挑战飞行极限，勇当国家财产、人民生命的守护者。

2018年5月14日6时26分，刘传健驾驶3U8633航班于重庆江北机场起飞，6时42分进入成都区域，飞行高度为9800米。

7时08分，"砰"的一声，驾驶舱右边玻璃裂了，驾驶舱的仪表盘上开始闪烁各种各样的预警信息。刘传健抓起话筒向地面管制部门发出"风挡裂了，我们决定备降成都"的信息，同时让副驾驶发出遇险信号。

一秒钟不到，驾驶舱的玻璃被全部吸出窗外。寒风瞬间灌入驾驶舱，导致许多飞行仪表不能正常使用，整架飞机开始剧烈抖动。危急时刻，刘传健努力握着操纵杆，尽力维持飞机的姿态。

"这条航线我飞了上百次，对不同时间飞机所处的位置和情况是非常有把控的。"事后，刘传健说，"风挡玻璃破裂后，我发现操纵杆还能用，就立刻做出备降的决定，对结果我是很有信心的。"

扎实的专业理论、精湛的飞行技术、严谨的职业精神在关键时刻体现出来。

刘传健开始了艰难的手动驾驶。这时候，驾驶舱的温度只有零下40摄氏度左右。从9800米下降到6600米，再下降到3900米，直到最后飞机安全落地。

有网友在看了这条震撼人心的新闻后，留下了这样的评论："128个人的生死全维系在他一身，他让全世界都知道了中国人有多了不起！"

{资料来源：刘传健：完成"史诗级"备降的英雄机长[EB/OL]．（2019-01-12）[2020-10-04]. http://www.xinhuanet.com/2019-01/12/c_1123981341.htm. }

想一想：

刘传健在飞行中做到严守安全纪律了吗？这个案例给我们什么启示？

评一评：

本案例中，刘传健在飞行中突遇驾驶舱风挡玻璃破裂并脱落的情况。他凭借过强的安全意识、过硬的飞行技术和良好的心理素质，驾驶飞机安全备降成都双流国际机场，所有乘客平安。这表明刘传健树立了安全第一的意识，主动担当守护机组成员的安全职责，这充分证明刘传健做到了严守安全管理纪律。我们职业院校学生应像刘传健那样严守安全管理纪律，做到以军队维护生产安全的使命，树立安全第一的意识；以军人敢于担当的信念，建立学校安全护校队；以军人刚正不阿的精神，远离危险陷阱。

【活动体验】

安全纪律专题讨论会／辩论赛

活动目的：加强对安全纪律的认识。

活动内容：请围绕以下主题在班级内开展一场讨论会或者辩论赛，分组通过PPT展示成果。

（1）如何在一日常规中落实校园安全纪律？

（2）建立学生护校队对我们来说有什么助益？

践行感悟：_____

_____

_____

国旗护卫队

第二节　组织考核队，严控校园廉洁纪律

【名言警句】

廉者，民之表也；贪者，民之贼也。

——包拯

忠信廉洁，立身之本，非钓名之具也。

——林逋

 【事例导入】

某职业院校学生李某想竞选班长，用起了拉选票的把戏——请吃饭。谈起自己当选的经历，李某毫不避讳："我当时为了拉选票，请了不少同学吃饭。我从来也不觉得这有什么不好，别人也这样做。"李某还有些自得地说："我觉得有的同学在选举演讲时许下的那些承诺多数都是空口白话，最后真能实现的很少，绝对不如我请他们吃饭来得实惠。我估计同学们也都明白，要不然怎么选上我了呢！"像李某这样当上学生干部的，还真不少呢。李某还用同样的方法当上了动漫社社长，社团通过搞活动，拉到一些公司的赞助，而赞助费的去向，李某自己也"讲不清楚"，他作为社团组织者从拉到的赞助费中牟利。李某想当学生干部的目的不在于为学生服务，而在于毕业好找工作。李某说："现在不少单位挑人的时候都看你是不是学生干部。"据悉，由于学生干部比一般同学有组织经验和领导能力，很多用人单位在招聘应届毕业生时，已经将此列为优先录取的标准之一。这一就业市场的行情，使学生干部成为职业院校学生趋之若鹜的竞争岗位。

思考和判断：

（1）李某通过拉选票当上班长和社长，并从社团拉到的赞助费中牟利的做法正确吗？

（2）他做到严守校园廉洁纪律了吗？

我们作为职业院校学生，处在经济快速发展的新时代，经常面临名利和物质诱惑，像上述事例中的李某通过拉选票当上班长和社长，并从社团拉到的赞助费中牟利，这种行为严重违背了职业院校学生应遵守的廉洁纪律。我们职业院校学生，应如何借鉴军队廉洁纪律来提高自身的廉洁素质，避免出现不廉洁的行为呢？我们要以军队廉洁纪律严格要求自己，做到严守校园廉洁纪律。具体应该如何做呢？

> **概念链接**
>
> 学生考核队：学生考核队是学生自主参与学校管理，由学生干部组成，对学生廉洁生活和廉洁纪律进行考核的学生干部队伍。
>
> 校园廉洁：是指学生生活不铺张浪费，崇尚廉洁文化，不贿赂，以廉洁要求规范自己行为的校园氛围。

一、以军队廉政文化，树立廉洁为荣的精神理念

军队廉政文化是革命时代的坚守信仰、听党指挥、爱民为民、严守纪律、艰苦奋斗，是和平新时代的大公无私、艰苦奋斗、勤俭节约、廉洁奉公。我们应学习军队廉政文化，树立廉洁为荣的精神理念。事例中的李某如果具备廉洁为荣的精神理念，就不会做出通过拉选票竞选班长和社长的行为，而是通过真心为学生服务来赢得学生信任获得当班长和社长的资格。

二、以军队领导的自律示范，建立学生廉洁考核队

军队领导要赢得民心、有权威，必须廉洁自律。军队领导要在廉洁自律上立起标杆，当好表率。我们可建立学生廉洁考核队对全校学生廉洁行为进行监督，如图6-2所示，加强对学生不廉洁行为的管理，帮助学生树立自律廉洁的意识。

（a）

（b）

图6-2　廉洁考核队在执行任务

三、以军人实干的精神，在社会实践中培养廉洁品格

军人实干的精神体现在军事训练真干、日常工作实干和紧急工作苦干等方面。我们应以军人实干的精神，在社会实践中培养廉洁品格。具体做法是，积极参加社会实践活动，了解社会，了解国情，增长才干，奉献社会，锻炼毅力，养成廉洁品格。

【案例探析】

廖俊波，曾任福建省南平市委常委、常务副市长、党组成员。廖俊波常说："赚钱的留给农民来，不赚钱的基础配套等项目就由我们来做。"廖俊波先进事迹体现在以下几个方面：一是务实为民。"廖书记不是在基层，就是在去基层的路上。"廖俊波任政和县委书记时，面对这个经济发展长期排全省倒数第一的贫困县、革命老区，没有打退堂鼓，没有掉头就走，没有庸庸碌碌当个太平官，相反，在经过实地调研后，他主动带头，率领全县党员干部撸起袖子加油干，经常深入基层一线，从来不怕苦不怕累。就这样，短短4年，政和县山乡巨变，财政总收入、固定资产投资和工业产值等都实现了大幅增长，一个全新的生机勃勃的政和县展现在人们面前。二是敢于担当。能够当一个领头人，让23万政和百姓过上更好的生活，这是一件了不起的事情。当"领头人"难，当好"领头人"更难，可是廖俊波心中有理想有担当，要带领百姓奔向更美好的生活。廖俊波曾被赞有"大侠"风范，正是这种"侠范"，让他总是充满了力量，立说立行是他的风格，走在前面是他的常态，无论是推进精准扶贫还是经济建设，廖俊波都把担当放在首位，用勤奋、用实干、用严谨描绘出一幅幅美丽的画卷。三是甘为人梯。发展教育，他要慢，因为教育是一个循序渐进的过程，绝不能急功近利；发展旅游，他要慢，因为旅游是长线产业，不是一届班子能完成的；他重视一线人才的培养，努力创造机会把好干部推荐出去；他想摆脱贫困，探索贫困普遍规律；他想创新机制体制，让整个政府和社会更高效运行……为官"功成不必在我"，重视政策的延续性，重视社会的持续性，这种豁达和开阔的心胸值得所有人学习。

{资料来源：风清气正，政通人和：学习廖俊波同志的先进事迹[EB/OL].（2017-05-03）[2020-10-04]. https://www.sohu.com/a/137995073_185748.}

想一想：

廖俊波做到严守廉洁纪律了吗？这个案例给我们什么启示？

评一评：

本案例中的廖俊波清正廉洁，始终牵挂群众，惦记着群众的冷暖安危，他把群众当亲人，用心用情为群众办实事、解难事，用自己的"辛勤指数"换来群众的"幸福指数"。廖俊波经历的岗位，都是"背石头上山"的重活累活，需要比别人付出更多的汗水和努力。但他始终把工作当成事业，乐在其中。我们应像廖俊波那样严守廉洁纪律，做到以军队廉政文化为标杆，树立廉洁为荣的精神理念；以军队领导的自律为示范，建立学生廉洁考核队；学习军人实干的精神，在社会实践中培养廉洁品格。

 【活动体验】

廉洁纪律专题讨论会

活动目的：加强对校园廉洁纪律的认识。

活动内容：请围绕以下主题在班级内开展一场讨论会或者辩论赛，分组通过PPT汇报、展示成果。

（1）学习军人及军队作风和严守校园廉洁纪律有什么联系？

（2）为什么要严守校园廉洁纪律？

（3）做到严守校园廉洁纪律，对我们来说有什么助益？

践行感悟：_____

_____

_____

第三节　组建自律委员会，严守自主管理纪律

【名言警句】

自制是一种秩序，一种对于快乐与欲望的控制。

——柏拉图

　　所谓自律，是以积极而主动的态度，去解决人生痛苦的重要原则，主要包括四个方面：推迟满足感、承担责任、尊重事实、保持平衡。

——斯科特·派克

 【事例导入】

　　随着天气越来越热，学生宿舍使用大功率电器的频率越来越高。为了加强同学们的用电安全教育，减少宿舍的火灾隐患，维护校园的安全稳定，校领导发起了以各系辅导员、系学生会和团委、自律委员会为代表的纪律检查行动，对学生宿舍进行了一次突击检查。在检查期间，自律委员会成员小敏认真负责，严格落实校领导布置的任务。当检查到使用违规电器的宿舍时，小敏虽然好言相劝，但还是遭到了有些同学的排斥，不仅拒绝交出大功率违规电器，而且还恶语相向，把小敏和其他自律委员会成员拒于门外。站在门外的小敏备感委屈和疑惑，但也只能硬着头皮继续检查下一个宿舍。

思考和判断：

　　（1）为什么有些同学不愿意配合学校的检查行动？

　　（2）如何通过创建自律委员会实现学生的自主管理？

　　职业院校的自律委员会，是在院系领导、总务科的直接领导下开展工作的学生社团。自律委员会的主要职责是负责全院学生公寓纪律、卫生监督管理，开展多种

多样的公寓文明和文化建设活动，助力建设和谐、健康学生家园。自律委员会是以培养学生自律意识，倡导健康生活，全心全意为同学们服务，实现学生自我管理、自我服务、自我教育为目的的院校一级学生组织。自律委员会的组建及运用是学生参与学校管理的关键。

概念链接

自主管理：对基层组织充分授权，从而激励基层组织和个人提高工作自觉性和创造性的管理方式，准确来说是一种管理思想。

学生社团：指学生在自愿基础上结成的各种群众性文化、艺术、学术团体。

一、自律委员会创建流程

院系自律委员会创建流程如图6-3所示。

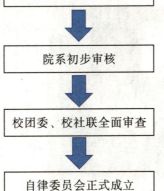

```
有8位以上         完成制定章程的准备工作，       有以社团形式开
发起人           章程应包括：社团的名称、        展活动的必要
                宗旨、主要任务、活动内
                容和范围、组织机构、经
                费来源（即物质条件）和
                其他应说明事项

                委员会主要发起人领取社
                团成立申请书，向院系领
                导提交申请报告、章程草
                案并提供发起人详细情况

                院系初步审核

                校团委、校社联全面审查

                自律委员会正式成立
```

图 6-3　自律委员会创建流程

二、自律委员会的职能分配

自律委员会共有7个部门，分别是：主席团、秘书部、网络信息技术部、宣传部、监督部、生活服务部、文化建设部。

主席团主要负责传达上级精神，负责学生公寓自律委员会的全面工作，抓好院系自律委员会队伍的建设，提高其思想道德素质和工作能力。

秘书部主要负责起草、制定院系自律委员会有关文件，协调各部门做好工作，整理归档各部门所提供的相关资料，做好院系自律委员会委员的签到工作并做好会议记录。

网络信息技术部主要负责管理院系自律委员会的各个网络平台，做好记录并处理相关信息和数据。

宣传部主要负责院系自律委员会的各类信息收集、汇总和发表，追踪报道学生公寓工作。

监督部主要负责学生公寓的卫生和纪律的监督，维护好公寓日常管理秩序。其各项检查结果将作为评选文明宿舍的参考依据。

生活服务部主要负责听取和反映同学们在公寓管理日常生活上的意见和建议，负责对公寓各项公共设施的检查工作和及时发现问题并上报等工作。

文化建设部主要负责公寓文化、艺术、娱乐活动的策划和组织，开展文明公寓评比活动，丰富公寓文化，推动公寓精神文明建设。

图6-4　自律委员会全体职能部门成员

院系自律委员会始终坚持以自律为主、他律为辅的方式和手段，加强学生的自我管理、自我服务、自我教育工作，实现院系自律委员会的初心，为学校服务、为同学服务。自律委员会全体职能部门成员如图6-4所示。

三、职业院校自律委员会实现学生自主管理

（1）常言道："为者常成，行者常至。"他律先自律，以自律委员会为核

心，建立健全监督管理机制。自律委员会的内部凝聚力是要依靠成员们努力维系和坚持的，要求其他学生要做到的事情，成员们必须先做到。要在平时的管理中做好表率，引导学校每位同学做好自省自律，自律委员会需要在内部形成强有力的监督正气，相应地，监督相关制度的执行力自然而然也就提升了。

（2）制定相应的扣分制度。对于学校安排下去的工作，不管是班级层面还是院系层面，学生群体中总有些不配合的人，使得自律委员会的工作很难开展，学校的规章制度对于他们而言形同虚设。针对这些学生，理应根据违规情况的严重程度来进行扣分或处分，并将扣分名单公布在宿舍公示栏里，以儆效尤。

（3）设立群众舆论和反馈机制。群众——全体学生的眼睛是雪亮的，学生来管理学生的效果，有时候要比老师进行教育管理更加好。作为同一个群体，学生们的需求基本是一致的，学生们对于学校管理的意见和建议，都能反馈到自律委员会。比如对学校饭堂的菜式有更好的建议，又或者宿舍大楼基本设施可能还有没完善的地方，饮水机、热水器有时候会出现故障而产生安全隐患问题，等等。通过自律委员会跟指导老师或校领导进行协商，再把协商结果公布在自律委员会官网上，一切决定都有根有据，这样管理起来也能增强同学们的认同感。

【案例探析】

为贯彻落实创建全国卫生文明城市精神，建设干净整洁校园，营造一个人人爱卫生的校园氛围，某职业院校大力宣传"爱卫，创卫"精神，通过开展各种形式的卫生教育活动，进一步强化健康教育知识的普及，培育健康理念，优化健康设施，完善健康服务。在这样的背景下，自律委员会策划了校内外清洁活动。

自律委员会联合校内志愿者进行了一次运动场的大清洁，将学院内足球场、运动场、排球场及网球场进行了一次全面的清洁。清洁过后的球场变得异常干净。自律委员会多次开展"清洁家园"专项整治活动。在老师的指引下，自律委员会将整治目标转向学校所在社区，携手社区人员一起进行社区的清洁。清洁的内容主要以乱贴的小广告为主。学校将自律委员会工作人员及志愿学生分成四个小组进行活动。每组由一名自律委员会的工作人员和一名社区的工作人员带领，进入社区的各个角落清除乱贴的小广告。每次活动都取得圆满效果。

想一想:

通过案例中学校自律委员会组织的创建卫生文明校园及城市（以下简称"创卫"）活动，我们可以借鉴什么经验？

评一评:

创卫工作是响应国家创建卫生文明城市的关键工作，每所学校都有应承担的责任，每名同学要从自身做起。这个时候就可以通过校内的自律委员会组织和管理，明确各系各班的分工和任务，把校园各区域都划分好，重点标示出卫生死角，明确责任，落实任务，由自律委员会做代表，带领全校学生做好每一个创卫的攻坚工作。

自律委员会在创卫中可做以下工作：

（1）贯彻学校领导在创卫工作中制定的各项措施、计划，为保持校容整洁，树立优良校风，督促广大同学养成良好的卫生习惯和文明行为，积极主动地开展工作。

（2）在每次自律会议上，负责向同学们传达学校本周创卫工作内容，汇报上周创卫工作的开展情况并提出下一阶段的工作计划。

（3）校园的清洁工作具体到每周每天，每个班每名同学轮流值日，负责本班教室卫生和校园公共区域卫生。

（4）每天的创卫工作要做好考勤，每天值日生要在考勤表签到，把当天的值日情况简单记录下来，完成值日后，做好工作交接。

（5）各班所负责的校园公共区域卫生，每天必须做到两扫三除，每周要利用班会进行一次大清扫，逢节假日及市县卫生检查日进行大扫除。负责走廊、楼梯和室外清洁工作的同学，要认真清扫地面，保证走廊、楼梯没有沙土，不积垃圾、整洁干净。

（6）每次创卫工作结束后，收集到的垃圾必须运送到特定区域处理，不能随意放置。

（7）宿舍的卫生情况也会纳入文明宿舍的评选项目。

（8）日常卫生监督和管理由本责任区自律委员会成员全权负责安排，确保卫生无死角。

【活动体验】

"自律委员会" 专题辩论赛

活动目的：加强对自律委员会的认识。

活动内容：请围绕以下主题在班级内开展一场辩论赛，先小组讨论再进行正反方答辩。

主题：成为自律委员会一员，是服务学校还是服务学生？

践行感悟： _____

_____

_____

正作风　筑格局

第三篇

第七章　学习军人作风，塑造积极向上形象

【导语】

　　我国军队的优良作风包含着军队建设一系列的基本原则和根本制度，包含着特有的革命精神和革命作风，是我们国家发展积累起来的精神财富。作风体现着一支军队、一个团队、一所学校的政治本色，体现了其精神风貌。优良作风向来是我们国家军队克敌制胜的"法宝"，所以，作为职业院校的学生，我们应当学习军人作风，向榜样人物学习严纪品质，正担当作风，做勇为之人；正艰苦奋斗作风，做坚韧之人；养成奉献精神，做无私之人；锤炼坚强意志，做律己之人；塑造积极向上的良好形象，努力成长成才。

第一节　正担当作风，做勇为之人

【名言警句】

业精于勤，荒于嬉；行成于思，毁于随。

——韩愈

天将降大任于斯人也，必先苦其心志，劳其筋骨，饿其体肤，空乏其身，行拂乱其所为也，所以动心忍性，曾益其所不能。

——《孟子》

 【事例导入】

小张是某职业院校一名学生，他胸无大志，学业不思进取，上课迟到早退，常无故旷课，生活懒散，无论对生活还是学习毫无担当精神。有一次在期末考试时，小张偷偷带了小纸条进考场，违反了考试纪律，其行为性质恶劣，心里还庆幸这种行为尚未被发现。由于学校正执行半军事化管理制度，对所有学生定期进行纪律教育学习，小张接受了学校半军事化管理和各种纪律教育后，在军营作风的影响下自身的思想素质、政治素质、作风素质都得到了提高。他反思之前在期末考试中的行为，决定承担责任，主动向老师承认在期末考试时作弊，自觉接受学校纪律处分。从此以后，小张严格遵守学校的规章制度，承担学生应该承担的责任，加强纪律学习，并以此警戒同学们。经过一段较长时间的坚持，小张脱胎换骨，让人刮目相看，在学习上刻苦进取，对承担的事情都负责到底，还进入了学校学生会纪律部，成为一名遵纪守纪的典型模范学生。

思考和判断：

作为新时代学生，我们应该如何在学习生活中实行半军事化管理，树立担当精神？

我们作为职业院校学生，在成长成才的人生道路上，会遇到各式各样的难题。上述事例导入中的小张在考试作弊后选择了坦然面对，诚实相告，并承担相应的责任。责任对新时代的学生来说有什么意义呢？新时代学生应该有什么样的担当？我们应该如何遵纪守法，严格遵守半军事化管理制度？

> **概念链接**
>
> 担当：负责任就要有担当，担当就是要肩负起自己应负的责任。担当一方面是指社会道德上，个体分内应做的事，如职责、责任、岗位责任等；另一方面是指没有做好自己的工作，而应承担的不利后果或强制性义务。

一、自觉融入半军事化管理，肩负重任，敢作敢为

1. 自我教育

我们应认真上好每一次思想政治课，学习担当精神的内涵，明确自己所肩负的历史使命和责任担当。无规矩不成方圆，我们还应积极参与学校定期举行的思想纪律教育，并做到我遵纪、我负责、我担当。

2. 自我学习

我们应该学习并熟悉学校完善、健全、严格、独特的管理制度。通过多读、多记笔记等方式深入理解学校管理制度。

3. 自我实践

我们要严格执行一日生活制度，积极应对生活、学习和课外活动。对于起床、上课、就餐、课外活动、就寝，我们应按照学校规定的时间进行，生活不能松散。在宿舍里，我们应严格按要求整理好内务，保持室内整洁卫生。物品摆放整齐，严格遵守作息时间规定，按时起床，按时熄灯就寝，熄灯后不喧哗，保持安静。

上课做到不迟到不早退，不无故旷课，专心听讲，尊师重道，与同学真诚有礼交往，文明待人，要有君子之度，行君子之礼。

4. 加强体育锻炼

强健的体魄是我们学习的本钱，是我们做任何事情的前提条件。《孝经·开宗明义章》讲："身体发肤，受之父母，不敢毁伤，孝之始也。"因此，我们应该坚持利用课外和周末的时间锻炼身体，坚持合理膳食，不挑食，坚持早餐、午餐、晚餐按时合理进食。具有强健的体魄不仅是对自己负责，也是对父母、对家庭负责。

积极参加体育运动，如图7-1所示。

图 7-1 积极参加体育运动

5. 积极参与校园活动

对于学校定期举办的专家座谈会、班级定期举行的主题班会、社团定期举行的校园活动等，我们都应该积极参与其中，调动自身的参与意识，提高自己的团体感和责任感，如图7-2所示。

图 7-2 积极参加校园活动

二、具有过硬的担当作风，做勇为之人

强化过硬的担当作风从自律做起，我们要时刻严于律己，做到自律、自省、自警、自励。我们做人要干干净净，不违反纪律；敢于担当，不逃避责任；从严而终，真抓实干不懈怠。我们应该在学习、工作和日常的言谈举止方面，努力做到言行一致。我们在学校社团工作应该做到在其位、谋其政，要敢担当、有责任心、有

作为，切实做好本职工作。

严纪故事

"铁人" 王进喜

中华人民共和国成立初期，在石油极度缺乏的情况下，贫油的帽子沉重地扣在每个中国人的头上。在国家危难之际，"铁人"王进喜（如图7-3所示）挺身而出，如同茫茫荒原上的巍峨钻塔，把铮铮铁骨化成宁折不弯的钻机，让冲天的油浪喷薄而出。

1959年，王进喜从甘肃玉门到北京开群英会时，看到北京街道上汽车背着个包来回跑，有人告诉他："油料供应紧张，公共汽车也只得背上煤气包。"王进喜听后很是痛心："国家缺石油，咱石油人有责任呀!"恰逢此时，传来东北松辽盆地发现大油田的好消息。

图7-3　王进喜

1960年，王进喜和32位战友一起动身向新油田出发。如果需要用自己的鲜血才能换来喷薄而出的石油，他会毫不犹豫地站出来说："我愿意!"

在大庆市档案馆一份题名为《大庆五好标兵——铁人王进喜同志简要事迹》的档案材料中，这样介绍道：1960年3月，王进喜调来大庆，下车后一不问住哪里，二不问吃什么样的饭，头一句就问在哪里打井，当即查路选线，看望工地。钻机运到了，起重设备没运到，他同工人一起手拉肩扛，把60多吨重的全套钻机设备从火车上一件件卸下来，手、肩磨起了血泡。

开钻了，没有水，他又带领工人到500多米远的小湖用盆端、用桶挑取水，艰苦地打了第一口井。为了实现我国的石油流成河这个远大目标，王进喜始终奋斗在一线，不顾自己的身体，忘我拼搏。打第二口井时，有一次出现井喷事故迹象。当时王进喜一条腿因工伤还挂着双拐，坚持在工地指挥生产。为调泥浆比重，他抛掉双拐跳入泥浆池，带动另外两个工人，拼命地用手和脚搅动泥浆，经两小时奋斗，避免了井喷事故。他的皮肤却被碱烧起大泡。

为加强生产，他身背炒面，日夜巡回在井上检查，饿了吃口炒面，渴了喝口凉水。他忘我的革命精神，鼓舞了大庆会战职工，也感动了当地社员，说他是个累不垮的"铁人"。

这就是"铁人"王进喜，崇高思想、优秀品德的高度概括，集中体现出我国石油工人的精神风貌："为国分忧、为民族争气"的爱国主义精神，"宁可少活20年，拼命也要拿下大油田"的忘我拼搏精神，"有条件要上，没有条件创造条件也要上"的艰苦奋斗精神。

{资料来源：王进喜：新中国石油战线的铁人[EB/OL].（2005-04-29）[2020-10-04]. https://www.xuexi.cn/080561718004812f0fbffc2e951ca8c4/e43e220633a65f9b6d8b53712cba9caa. html.}

【案例探析】

小陈从某电力大学毕业后回到家乡的电网分公司工作。小陈幽默诙谐，骨子里有坚毅果敢的执着，在电网工作的18年，培养了他积极向上、勤劳踏实、兢兢业业的工作精神。平日里的他，具有良好的交际能力，跟同事畅聊人生，他关心每个同事，像是朋友，更像家人。而工作中的他，坚持原则，同事犯了错误他会一一纠正，绝不含糊。工作上的事，他总是能处理得井井有条，完成得妥妥当当。"一切按照制度办事"成为他的名言警句，严格遵守单位的各项规章制度，遵纪守法，严守纪律。他深藏不露的技术水平总是会在关键时刻派上用场，让人钦佩赞叹。与此同时，他多次放弃休息时间，带领他的团队来现场加班，配合现场工作加大巡检力度、缩短巡检间隔，凡事以身作则，以自己的实际行动给同事们树立一个好榜样。他常说："作为一名共产党员，就要知道肩上的责任，多做一些事，多出一份力。"就是这样温暖人心的语言和积极向上的正能量带领他的团队不断前进，经历18年风风雨雨，从不掉队，不落后，为的是第一时间能给人民群众送去安全的电。在单位里，小陈连续8年被评为最佳员工，他的团队连续5年被评为最佳团队。一切皆因团队的严谨、团结、纪律严明，以及小陈的守纪、担当精神。

想一想：

案例中是如何体现小陈遵守纪律，具备担当精神的？这个案例给我们什么启示？

评一评：

作为新时代党的组织路线的践行者，我们每个人都要强化责任担当，在其位谋其政，任其职尽其责。在工作中，难免会遇到困难与挫折，我们应该消除"船到桥头自然直""得过且过"的消极、懈怠思想，充分认识党的历史使命，经得起考验，顶得住压力，挡得住诱惑，担得起责任，提得起精神，呈现出强化过硬的担当作风，树立好模范，做好自己的本职工作。本案例中小陈对工作绝不含糊，坚持原则，处理工作井井有条，妥妥当当，工作18年从不掉队，不落后，正是体现了他的担当精神，对工作具备强化过硬的担当作风。

【活动体验】

"我遵纪我负责我担当" 主题班会

活动目的：提高对责任问题、担当精神的认识，明确自己应尽的职责，并懂得在严守纪律中努力实践责任和履行责任。

活动内容：请以"我遵纪我负责我担当"为主题举行班会，班会内容如下：

（1）认识对自己、对家庭、对班级的责任。

（2）与自己签订担当合同。

践行感悟： _____

_____

_____

第二节 正艰苦奋斗作风，做坚韧之人

【名言警句】

> 伟大的事业是根源于坚韧不断地工作，以全副精神去从事，不避艰苦。
>
> ——罗素
>
> 奋斗是万物之父。
>
> ——陶行知

 【事例导入】

茂名某职业院校学生小彭，家境贫寒，仅靠年迈的父母苦干农活支持上学。生活的贫苦使小彭从小吃苦耐劳，不管刮风下雨还是生病，他都能坚持不懈地努力，平衡好学业与生活，总是朝气蓬勃。生活再难再苦，他仍坚持考勤纪律，仍坚持遵守学校各项规章制度，保持军队军人艰苦奋斗的优良作风。在校期间，他还加入了学校的勤工助学组织，通过自身劳动获得合法报酬。小彭对待学习生活积极进取、奋发向上，为创造属于自己的更好的未来而努力着。

思考和判断：

小彭学习中国军队艰苦奋斗的优良作风了吗？

人生道路上会遇到许许多多的挫折，不前进的人甘于平凡，不畏艰难困苦、奋发努力、勇往直前的人才能到达人生巅峰。艰苦奋斗的人生才有价值。艰苦奋斗是中华民族的重要文化传统和民族精神，是军队优良的军营作风，

> **概念链接**
>
> 军营作风：是指军人拥有崇高理想，雷厉风行，纪律严明，不讲条件，具有敢于担当重任不推诿、甘于奉献、艰苦奋斗、勤俭办事等作风。

也是我们党不断取得事业胜利的重要法宝。作为学生的我们该如何树立和坚持艰苦奋斗精神呢?

一、在思想上认识艰苦奋斗

我们应该深刻理解新时代"艰苦奋斗"的内涵:一是自强不息、追求奋斗、昂扬向上的精神风貌;二是不怕困难、不屈不挠的意志品质;三是兢兢业业、勤奋刻苦的工作作风;四是富有创造、讲求创新的开拓精神;五是勤俭节约、朴素大方的生活作风。我们不应忘记历史,要继承革命先辈艰苦奋斗的优良传统,接过革命先辈艰苦创业的大旗,珍惜得来不易的今日环境,要树立远大理想,要形成不怕困难、不怕挫折的坚强意志,养成乐观向上、开拓进取的思想品质。

严纪故事

艰苦卓绝的伟大远征

1934年秋天,由于党内"左"倾教条主义的错误领导和共产国际派来的军事顾问李德的错误指挥,以及国民党军采取的步步为营、节节推进的"堡垒政策",中央红军被压缩包围在闽赣交界处仅有7个县的狭小地区。同年9月16日,各部队在于都河以北地区集结完毕,从17日开始,中央红军主力8.6万余人开始长征。

"红军不怕远征难,万水千山只等闲。"在血战湘江时,作为最后的后卫部队——红三军团第六师第十八团,在掩护红八军团过江时,在敌众我寡的情况下,与桂军3个师展开两昼夜的拼死战斗,最终不负众望,完成了掩护红八军团大部渡江的任务。然而,不幸的是在撤退时,被数十倍于己的桂军分割包围,最后,在陈家背地域战至弹尽粮绝,大部分壮烈牺牲。

长征路上,党和红军领导人身先士卒,与战士们同甘共苦。在贵州土城之战,红军一度进攻失利,部队处境十分危险。在如此不利的战斗形势下,朱德亲自到前线指挥作战,给艰苦作战的红军打气。为保证部队迅速渡河前进,周恩来亲自带领参谋人员在赤水河边精心选定架桥地点,广泛发动群众征集所有架桥物资和船只,接连三次到架桥地点督促指导,不顾艰辛。

"金沙水拍云崖暖,大渡桥横铁索寒。"1935年,面对国民党追兵的紧追不舍,在生死攸关的严峻形势下,毛泽东、朱德等红军领导做出夺取泸定桥的决定。

1935年5月24日晚，红一方面军主力奉命在大渡河南岸的安顺场一带开始强渡大渡河，17名红军勇士组成突击队，奋勇渡过大渡河，击溃敌人1个营占领北岸渡口。随后红军翻越长征途中第一座大雪山——夹金山，与红四方面军胜利会师。飞夺泸定桥的勇士用大无畏的献身精神在枪林弹雨中匍匐前进，夺得了这次战役的胜利。

"更喜岷山千里雪，三军过后尽开颜。"据统计，长征共行军368天，日平均行军37千米；跨越18条山脉（其中5条终年积雪），渡过24条大河，穿越方圆1.52万平方千米草地；转战11个省，占领过62个城市，通过6个少数民族地区；经常打遭遇战，平均每行进1千米，就有三四个红军战士献出生命。从这些简单却又意蕴深厚的数字中，可以看到长征中红军战士所面对的困难，几乎超越了人体所能承受的生存极限。先辈们为我们谱写了一部可歌可泣的英雄史诗，塑造了坚韧不拔的钢铁意志，奠定了乐观进取的革命精神，弘扬了艰苦卓绝的伟大精神。

[资料来源：东方.红军不怕远征难[J].湘潮，2020（6）：17-21.]

二、加强政治理论学习，不断提高自身的政治素质

纪律教育学习是终身的事情，任何时候都不能放松。我们不仅要认真上好每一次思想政治课，还应多学习法律知识，更要认真学习马克思列宁主义、毛泽东思想、邓小平理论、"三个代表"重要思想、科学发展观、习近平新时代中国特色社会主义思想等重要论述，及时学习领会党的文件精神，用理论武装自己的头脑，提高自己的政治理论修养，坚定自己的政治信念。同时，还要进一步增强纪律观念，增强法律意识，树立正确世界观、人生观、价值观，自觉地加强锻炼，遵纪守法，做到自重、自省、自警、自励，以高度的责任感，以勤勤恳恳、艰苦奋斗的作风，认真完成我们作为学生该完成的各项任务。

三、严格遵守学校各项规章制度

我们应严格遵守学校各项规章制度，明确自己的职责，告诉自己什么可以做，什么不能做，以一名优秀的学生标准严格要求自己，向典范看齐，以严谨的态度对待学习、生活，以热诚的态度对待同学和老师。

四、弘扬军营作风，做坚韧之人

江泽民同志在反复强调军队革命化、现代化、正规化建设的基础上，于1990

年12月指出："部队要做到政治合格、军事过硬、作风优良、纪律严明、保障有力。"这五句话是军队建设的总要求，是军队建设总目标的具体化和规范化。军人拥有崇高理想、雷厉风行、纪律严明、不讲条件，具有敢于担当重任不推诿、甘于奉献、艰苦奋斗、勤俭办事等作风。我们应该积极参与社会实践活动，如社区义务劳动、下乡实践、社会调查、参观访问、军事训练（如图7-4所示）、勤工助学等活动，融教育、学知识、长才干、做贡献于一体，感受劳动创造的艰辛和来之不易的生活，以军营作风要求自己，遵守学校军事化管理制度，不断拓宽自己的知识面，让自己广泛接触社会、认识社会，在实践中培养劳动观念和艰苦奋斗、勤俭节约的精神，锻炼我们坚韧不拔、艰苦奋斗的意志品格，增强贡献于社会的历史责任感。

图7-4　积极参加军事训练

【案例探析】

　　梁成锐，男，于2011年12月，经民安社区党小组长及党员、群众推荐，社区党支部吸收其加入中国共产党。成为党员后，梁成锐同志发扬了年轻人勇敢担当的风采。2004年12月，梁成锐入伍当兵，当兵期间获得部队优秀复退军人、优秀退伍兵等称号。2006年12月，梁成锐退伍，因在部队表现较好，社区聘用其加入计划生育部门工作。他工作8年，一直勤劳刻苦，就就业业，先后获得计划生育先进工作者、优秀团支部工作者、优秀志愿者等荣誉。2014年4月，因社区综合治理工作任务较多，考虑梁成锐个人体能及工作表现，社区调其为社区综合治理信访维稳中心一员。在站内，虽然他的职位不高，但他敬业乐业，勤劳上进，不怕辛苦，刻苦耐劳，严格要求自己，尽自己最大能力帮助群众，团结队员，他的表现得到大家的一致认可。

作为一名综管员，梁成锐能保持着军人优良品质，时时刻刻严格要求自己，坚守着自己的岗位。在值班巡查时，认真巡逻，对小偷和闹事打架者绝不姑息；无论是巡查出租屋、巡查治安还是接到各种大小案件都能做到及时安排、及时记录、及时处理。接到任务安排后，积极走访群众，登记立册，宣传党的方针政策，听取群众的心声，及时反映群众的意见要求，努力为群众服务。例如在走群众路线时，到群众中去，驻点了解群众问题的任务中，认真做笔录，真正做到为群众排忧解难，办好事做实事。2018年以来，他还负责在学校门口护送学生放学工作，认真细致，把学生们看作自己的孩子，真正成为学生们的一把"保护伞"，得到了家长的一致赞赏。

作为民安社区的一分子，他认真配合上级完成任务，与自己部门的同事团结一起，上下一心。一是加强自身建设。近年来，他无论在哪个岗位都认真学习业务知识，不断提高自身修炼，熟悉掌握工作上的业务，使技术和工作效率都有所提高。二是做教育的好榜样。他自身素质好，自觉性强，自然能带动团队的积极性，充分发挥团队先进模范作用。

{资料来源：永葆军人本色　乐于平凡坚守：记南头共产党员梁成锐 [EB/OL].（2017-08-09）[2020-10-04]. https://www.sohu.com/a/163472212_658616.}

想一想：

案例中的梁成锐同志是怎样弘扬军营作风，继续传承艰苦奋斗精神的？

评一评：

军人拥有崇高理想、雷厉风行、纪律严明、不讲条件，具有敢于担当重任不推诿、甘于奉献、艰苦奋斗、勤俭办事等作风。军队历来守纪如铁、执纪如山，视纪律高于生命、重于泰山。案例中的梁成锐同志退伍后仍保持着军人的优良品质，时时刻刻严格要求自己，坚守着自己的岗位，他敬业乐业，勤劳上进，不怕辛苦，刻苦耐劳，尽自己最大能力帮助群众，他为自己的工作而奋斗，为自己的目标而努力。他是一个情系群众、情系集体的模范退伍军人，是团结友爱、艰苦奋斗的好模范。无论在工作上、生活上遇到什么难题，梁成锐同志都会乐观从容面对。梁成锐同志弘扬了军营作风，继续发扬艰苦奋斗精神，值得我们学习。

【活动体验】

下乡社会实践

活动目的：体验自我要求、自我奋斗的历程。

活动内容：社会实践是育人的重要内容和有效手段。在暑假期间参加下乡实践，如"爱心志愿服务"或者"爱心志愿支教"，一方面可走向基层，体验农民生活，深刻理解"粒粒皆辛苦"的内涵；另一方面可在基层小学开展下乡支教活动中，锻炼坚忍不拔、艰苦奋斗的意志品格。

践行感悟： _____

_____

_____

第三节　养成奉献精神，做无私之人

【名言警句】

> 其为人也，发愤忘食，乐以忘忧，不知老之将至云尔。
>
> ——孔子
>
> 有我之境，以我观物，故物皆著我之色彩。无我之境，以物观物，故不知何者为我，何者为物。
>
> ——王国维

【事例导入】

　　小滨是某职业院校2018级药学系学生，入学后参加了为期半个月的军训，在军训中小滨严格要求自己，按照教官的要求苦练各种动作，不怕苦，不怕累。经过严格的军训，小滨顺利通过测试，成为学校国旗护卫队的一名成员。他把在军训中学到的军队作风——严明的纪律、严谨的工作态度、忘我的工作精神，运用到自己的学习、工作和生活中。在校期间，他严格遵守学校的规章制度，不迟到早退，从不旷课，认真听讲，遇到不懂的问题主动向老师请教，积极完成各种实践操作，增强理论联系实际的能力。由于学习成绩优秀，小滨2019年获得"国家励志奖学金"。在完成学业的同时，他还注重自己综合能力的提升。不仅参加了国旗护卫队，还加入康复治疗研究协会，学习按摩、推拿、刮痧、拔罐等康复技术，并成为药学系学生会成员。二年级时通过竞选成为纪律部副部长，由于表现优秀，小滨还被评为"三好学生""优秀共青团员"。

　　思考和判断：

　　（1）小滨所取得的成绩与他平时对自己的严格要求有怎样的关系？

（2）军队严格的纪律、军人无私奉献的忘我精神对小滨的校园生活产生了哪些影响？

一、执行任务有我

有我，是责任意识的体现，是敢于负责、勇于担当的气魄，是关键时刻能站出来的勇气，是舍我其谁的主动担当，是对自身生命价值的清醒认识，是对生命本真追求的明确判断。中国维和部队的官兵，在冲突不断、疾病肆虐、气候炎热的维和任务区，面临各种挑战和考验，用中国军人的责任、勇气和担当完成了一个又一个艰巨的任务。在苏丹，中国第十四批维和工兵分队，在炮火中施工，先后完成了基地平面建设、防护设施架设、停机坪修筑等30多项工程任务，树起了"中国样板"；在利比里亚，由于蚊虫毒蛇多，维和医疗队员去义诊时，经常是一手提着医药箱，一手用竹竿敲打地面，赶走潜伏在草丛中的毒蛇；在黎巴嫩南部，曾经的战争在这个地区留下了约13万枚各种地雷，维和工兵每天都要在这样的

> **概念链接**
>
> 利益：就是人们在物质上和精神上得到的好处，是人们为了满足生存和发展而产生的，对于一定对象的各种客观需求。
>
> 个人利益：是指个人物质生活和精神生活需要的满足，个人身体的保存和健康，个人才能的利用和发展等。
>
> 集体利益：是社会集团全体成员的共同利益。在社会主义国家，集体利益从一定意义上讲，是指国家和全体人民的利益，同时也指人们所在集体的全体成员的共同利益。

"生死场"中工作。中国维和官兵这种在艰难困苦面前当仁不让、冲锋陷阵的有我之境，在责任面前不临阵脱逃、拈轻怕重的有我之境，是我们学习的榜样。正是因为他们明白自身存在的价值，看清肩上必须承担的责任，才能如此坚定地完成各种任务。瑞典斯德哥尔摩国际和平研究所发布报告称："中国的维和部队是联合国任务部队中水平最专业、效率最高、训练最有素和最守纪律的队伍。"

习近平总书记在他就职后第一次讲话中就告诉全国全世界人民，"打铁还需自身硬"，这就是一种"有我"的担当。李克强总理在就职后的第一次中外记者见面会上约法三章，并强调"对这三条，中央政府要带头做起，一级做给一级看"。这也是"有我"的担当。我们职业院校学生，应该保持和发展"有我"的敢于担当

精神，加强自身修养，从小事做起，从一点一滴做起，像军人那样严格要求自己，培养社会责任感，树立"天下兴亡，匹夫有责"的责任意识，完成好每一项工作任务，要敢于对社会负责，对国家负责，用自己的实际行动为实现国家富强、民族复兴、人民幸福的伟大中国梦做出贡献。

> **严纪故事**
>
> ### 焦裕禄精神
>
> 焦裕禄（1922年8月1日—1964年5月1日），山东淄博博山县北崮山村人。1946年1月，焦裕禄在村里加入中国共产党。1962年12月，焦裕禄调到河南兰考县，任县委第二书记。
>
> 1962年12月至1964年间，时值该县遭受严重的内涝、风沙、盐碱三害。为解"三害"，焦裕禄总结出治理风沙的办法："贴膏药""扎针"。起风沙时，焦裕禄率先带头去查风口，探流沙；下大雨时，焦裕禄蹚着齐腰深的洪水察看洪水流势。他所开创的水利工程，经后来引黄淤灌，最终让20多万亩盐碱地变为良田。兰考县的干部群众在焦裕禄无私奉献精神的鼓舞下，合力治理"三害"，最终兰考内涝、风沙、盐碱三害得到有效治理。尽管身患肝癌，焦裕禄依旧忍着剧痛坚持工作，用自己的实际行动，铸就了"焦裕禄精神"。
>
> {资料来源：朱佩娴，孔留根. 河南兰考原县委书记焦裕禄：县委书记的好榜样（最美奋斗者）[EB/OL].（2019-09-21）[2020-10-04]. http://www.xinhuanet.com/politics/2019-09-21/c_1125022167.htm. }

二、利益面前无我

无我，是一种高境界的精神追求，是乐人之乐、忧人之忧，真正做到淡泊名利，忘我无私，时刻保持心中无我，眼中无钱，控欲而求理，明理而入道。老子在《道德经》里说："吾所以有大患者，为吾有身。及吾无身，吾有何患？"我们要做到不以物喜、不以己悲的豁达，不为权力、金钱和物质所诱惑，淡然处之，把个人得失忘于脑后的无我之境界。

我们职业院校学生要明确自己的人生目标，不受金钱物质利益的诱惑，不为一时得失而斤斤计较，放开自己的一切投入到学习和工作中去，努力实现自己的人生理想。要达到"无我"之境，首先，要用严明的纪律要求自己，养成良好的行为习惯，才能做到不为权力、金钱所诱惑，真正做到利益面前无我。其次，要做到有恒心。"世上无难事，只怕有心人"，我们要持之以恒，不断努力，最终才能成就自我。再次，要乐于奉献。奉献是个人对社会的责任和贡献，"俯首甘为孺子牛"，奉献是无私的，要甘于牺牲个人利益。我们要积极投身到社会实践中去，在平凡的岗位上努力学习，努力工作，贡献自己的才能和力量，实现自己的人生价值。最后，要敢于、甘于吃苦耐劳。吃苦是人生的必修课，每个人在实现人生理想的过程中，都会遇到各种各样的困难挫折，遇到金钱与物质利益的诱惑，这时要端正思想，坚持通过自己的辛勤劳动，实现人生目标。

严纪故事

八十年代新雷锋

朱伯儒（1938年11月—2015年9月）（见图7-5），广东茂名高州荷村人。1955年参加中国人民解放军，1962年毕业于空军航空学校，1969年加入中国共产党。1970年初，朱伯儒因患耳疾停飞，被分配到远离部队的豫西山区某工地工作。面对偏僻的山区、艰苦的生活和妻儿的分离，他毫不犹豫地做出了选择，扛起背包奔赴新的战斗岗位，一干就是9年。后来他被提升为空军某油库管理股长、副主任，地位变了，而且又负责管钱管物，但他从不利用自己的职位谋取私利。朱伯儒是个普通干部，薪金并不多，但他们全家生活克勤克俭，艰苦朴素，把省下来的钱，几十元、几百元，送给那些急需

图7-5　朱伯儒

用钱的人。朱伯儒不但在工作上踏踏实实地干，而且在生活中，他始终以雷锋为榜样，发扬党的优良传统，保持同人民群众的密切联系，竭尽所能地为群众做排忧解难的好事。他廉洁奉公，以雷锋为榜样接济过40余名生活困难的群众和战士，先后21次立功受奖，被群众誉为"八十年代新雷锋"。1983年7月7日，中央军委发布命令，授予朱伯儒同志"学习雷锋光荣标兵"荣誉称号，1988年他被授予少将军衔。

{资料来源：朱伯儒：八十年代新雷锋[EB/OL].（2012-02-23）[2020-10-04]. http://news.cntv.cn/society/20120223/121234.shtml.}

三、工作起来忘我

忘我，形容人做事或工作的一种状态，由于精神高度集中，专注于某件事情上，而舍弃掉与自身相关的其他事情。有这样一个故事，一位禅师参禅时专心致志，每当弟子通报有人慕名拜访，禅师总是反问道："谁是禅师？"这说的就是一种心无旁骛的专注，一种忘我之境。

2016年6月2日，联合国官方社交媒体发表文章《一路走好，中国英雄》，悼念两天前在马里牺牲的中国维和战士申亮亮。这位只有29岁的勇士，在联合国维和营地遭遇汽车炸弹袭击时，不顾自身安危及时发出预警信号，引导后方部队隐蔽，确保了营区内人员的安全，自己却献出了年轻的生命。中国维和部队，已有杜照宇、申亮亮、李磊、杨树朋等13名中国维和官兵牺牲在维和一线，用自己的生命兑现了"忠实履行使命、维护世界和平"的铿锵誓言。中国维和官兵为了世界和平事业，为了世界各国人民的平安幸福，可以忘我；为了祖国赋予的使命，可以忘私。忘记小我，是为了成就无私奉献的大我；忘记个人的自我，是为了成全千百万人的自我。他们用自己的汗水和热血，铸造了中国军人的光辉形象。中国军人正是以无私的工作态度和忘我的敬业精神，在自己平凡的岗位上默默地奉献着青春。平凡的岗位，平凡的事业，平凡的人，不平凡的是一颗甘于奉献的心。

我们要学习中国维和官兵的那种"忘我"精神，达到"忘我"之境。首先，要加强理论学习，不断提高自我修养的自觉性。理论是行动的指南，思想是行动的先导，我们不仅要掌握专业知识，还要认真学习马克思列宁主义、毛泽东思想、邓小平理论、"三个代表"重要思想、科学发展观和习近平新时代中国特色社会主义思想，学习辩证唯物主义、历史唯物主义的基本观点，深刻理解社会发展的客观规律，树立正确的世界观、人生观和价值观。只有理论上的坚定，才能有行动上的坚定，才能在世界多元化的大格局下，保持清醒的头脑，忘我学习、忘我工作，成为实现富强民主文明和谐美丽的社会主义现代化强国的一分子。

其次，发扬古人的"慎独"精神，严格要求自己，不断提高自身的思想品德修养，从而达到"忘我"之境。提高思想品德修养的过程，也是自我意识、自我监督、自我教育的过程，在这个过程中，应发扬"慎独"精神。"慎独"是一种修养，是一种境界。我们要发扬"慎独"精神，自律、自强，才能真正做到工作起来忘我。

最后，要积极参加社会实践，在实践中检验自己，践行"忘我"精神。俗话说："听其言，观其行。"这个"行"就是社会实践，"忘我"精神要通过社会实践体现出来。我们要通过参加社会实践活动，在实践中自觉养成遵纪守法的好习惯，勤奋努力，忘我工作，才能成为有理想、有道德、有文化、有纪律的社会主义接班人。

【案例探析】

　　1990年4月，中国政府首次向联合国停战监督组织派遣5名军事观察员，拉开中国参加联合国维和行动的序幕。参加联合国维和行动近30年，中国军队实现了派遣维和人员从无到有，兵力规模从小到大，部队类型从单一到多样的历史性跨越。在派兵规模上，由最初的5名军事观察员拓展到如今的2700多名军事维和人员，由最初的1个任务区拓展到最多同时有11个任务区，中国已先后参与联合国24项维和行动。据统计，自1990年以来，中国维和官兵累计新建、修复道路1.6万余千米，排除地雷及各类未爆炸物10 300余枚，接诊病患超过20万人次，运送各类物资器材135万吨，为饱受苦难的人民撑起一片片和平的蓝天。在这个过程中，中国维和官兵创造了一个又一个令人叹服的"中国速度""中国质量"，他们用高标准、严纪律要求自己，恪尽职守、不辱使命，在国际大舞台上展示了中国作为世界大国对维护世界和平、构建人类命运共同体的责任担当，赢得了同行的赞誉和联合国的肯定，交出了一份让国人满意、让世界惊叹的答卷。

　　{资料来源：吕德胜.维护和平，中国军队交出优秀答卷[N].中国国防报，2019-04-18（3）.}

想一想：

本案例中，中国维和官兵用严格的纪律、踏实的行动、无私的奉献、过硬的本领，完成了一个又一个艰巨的任务，体现了中国军人怎样的精神？

评一评：

案例体现了中国军人"执行任务有我、利益面前无我、工作起来忘我"的精神。作为职业院校的学生，我们应以军队的纪律管理为学习目标，以军人的忘我精神为学习榜样，不断提高自身素质，在掌握专业理论知识和实践操作技能的同时，注重思想品德修养的提高，要像军人那样，做到"执行任务有我、利益面前无我、工作起来忘我"。

 **【活动体验】**

先进事迹学习

活动目的：加强对"有我、无我、忘我"的认识。

活动内容：利用图书、网络、影视资源查找中国维和部队官兵先进事迹的资料，讨论如下问题：

（1）中国维和部队官兵的忘我精神与平时的思想教育和严格训练有什么关系？

（2）从中国维和部队军人身上你学到了什么？

（3）谈一谈你对军人那种"执行任务有我、利益面前无我、工作起来忘我"精神的理解和认识。

践行感悟：_____

_____

_____

抗疫中的
奉献精神

第四节　锤炼坚强意志，做律己之人

【名言警句】

青年一代有理想、有本领、有担当，国家就有前途，民族就有希望。

——习近平

严于律己，出而见之事功；心乎爱民，动必关夫治道。

——陈亮

 【事例导入】

在校园的小道上，有一个特别的身影映入同学们的眼帘，她着装朴素，举步维艰，她就是小林。她在一次车祸中撞伤了双脚，康复之后行动不便，只能一瘸一拐步行，5分钟的路程她却要走上15分钟。但无论是盎然的春天、炎热的酷夏、落叶纷纷的秋天，还是寒气袭人的冬天，每一次铃响上课，小林总能按时坐在座位上等待老师上课。小林有着一颗认真对待生活和学习的心，用她不太利索的双腿阐释了"认真克己"的含义。

思考和判断：

小林的平时表现体现了军人般的意志吗？我们怎么才能做到日常严于律己？

作为青少年的我们是共产主义接班人，肩负着中华民族伟大复兴的使命，为共产主义奋斗的重担。要担起这些重任，需要从以下3个方面努力。

一、拥有坚定的理想信念，为前行的道路引航

在人才综合素质中，思想品德素质处于重要的地位，而理想信念是思想道德素质的核心。作为职业院校学生，我们不仅仅要掌握专业知识技能，还要拥有坚定的

理想信念。

信念之于人生，如同舵手之于航船。航船没有舵手就会被惊涛骇浪所吞没，人生没有理想信念就会迷茫，如同行尸走肉，生命黯然无光。我们应该把自己的理想信念和国家的命运结合起来，每天认真学习本领，为投身社会做好准备，争取做一个有理想、有道德、有文化、有纪律的职业能手。

二、锻炼坚强的意志，为靠近心中的理想助力

"宝剑锋从磨砺出，梅花香自苦寒来。""磨炼法则"对于培养自制克己的品质至关重要，坚强的意志要靠磨炼而来。第一个成功征服珠穆朗玛峰的登山人——埃德蒙·希拉里被问到如何征服世界上最高峰时，他回答道："我其实征服的不是一座山，而是我自己。"在攀爬的过程中，尽管身体已经累不堪言，但是凭借坚强的意志克服自身的劳累，一步一步坚持下来还是登上了顶峰。同理，我们在日常生活中也要通过"磨炼法则"，磨炼出更强的意志力，为靠近心中的理想助力。那我们具体要怎么做呢？最有效且方便实施的方法是每天坚持一种运动。例如每天起来慢跑5000米。长跑艰苦乏味，让人腰酸背痛，从开始的贪图新鲜到厌倦到痛苦，只要你克服困难坚持下来，就会把慢跑变成一种习惯。这样通过跑步的磨炼，你的意志力会得到有效的锻炼和提高。万事开头难，只要我们用钢铁般的意志去做事，世界都会为我们让路。

> **概念链接**
>
> 理想：是指对未来事物的美好想象和期待，也比喻对某事物臻于最完善境界的观念。
>
> 信念：指的是事实或者必将成为事实的对事物的判断、观点或看法。
>
> 意志：是人自觉地确定目的，并根据目的调节支配自身的行动，克服困难，去实现预定目标的心理倾向。
>
> 严于律己：指的是严格地约束自己，出自宋·陈亮《谢曾察院启君》。

严纪故事

邱少云的献身精神

邱少云1926年出生于重庆市铜梁区少云镇（原四川铜梁县关溅乡）玉屏村邱家沟，自幼丧失父母，13岁被国民党军队抓去当兵。1949年12月参加中国人民解放

军，为第十五军第二十九师第八十七团第九连战士。1951年3月参加中国人民志愿军赴朝作战，1952年10月，所在部队担负攻击金化以西美军为首的联合国军前哨阵地391高地。高地前沿是一片开阔地，为缩短进攻距离，便于突然发起攻击，10月11日夜，部队组织500余人在敌阵地前沿潜伏，邱少云所在的排潜伏在高地东麓距敌前沿阵地仅60多米的蒿草丛中。12日12时左右，美军盲目发射燃烧弹，其中一发落在他潜伏点附近，草丛立即燃烧起来，火势迅速蔓延到他身上，燃着了棉衣。为了不暴露目标，确保全体潜伏人员的安全和攻击任务的完成，他放弃自救，咬紧牙关，任凭烈火烧焦头发和皮肉，坚持30多分钟，直至壮烈牺牲。反击部队在邱少云伟大献身精神的鼓舞下，当晚胜利攻占了391高地，全歼美军1个加强连。

{资料来源：周闻韬.邱少云：烈火中永生[EB/OL].（2019-07-11）[2020-10-04]. http://www.xinhuanet.com/politics/2019-07/11/c_1124737799.htm.}

三、增强责任感，做到严于律己

　　责任就是有担当，指做好分内应该做好（或承担）的事情（任务）。教学育人是人民教师的责任，救死扶伤是医务人员的责任。在一个家庭里，只有每一个家庭成员都负起自己的责任，才能营造家庭温暖的氛围；在一个班级里，只有每一个同学都肩负起自己的责任，班集体才能凝聚在一起；在一个社会里，只有每一个社会成员都肩负起自己的责任，才能保证社会的和谐与健康发展。

　　2009年度感动中国人物——李隆任某公安消防支队特勤大队副队长，在四川抗震救灾的战斗中，不怕牺牲，在废墟中先后挖出57名群众，某中5人生还，创造了一个又一个生命救援的奇迹。除此之外，他先后参加灭火救援战斗3170多次，抢救760多名群众，为人民群众的人身安全做出了特别的贡献。他严于律己，用实际行动让我们明白了责任感的含义。作为职业院校学生，我们该如何增强自己的责任感呢？在平时的生活中，我们应把每一件小事做好。在学校，我们应尽好身为学生的责任，严于律己，好好学习，按时上课。回到家里，我们应肩负起身为子女的责任，学会感恩，为父母分担生活重担，勤做家务。我们总是期待别人能够负责任，但也不要忘记提醒自己增强责任感，为创造美好生活贡献出一点力量。

【案例探析】

　　1995年大学毕业的吴老师，手捧着烫金的本科毕业证书扎根农村学校20多年，坚守教育岗位，拼尽心力为国家与社会哺育英才。2005年，他查出了高血压、肾结石等问题，但他认为无关紧要，依然奋战在教学第一线。2011年春节期间，他被查出患上了慢性肾衰竭（即尿毒症）。为了延续生命，他从此走上了漫长的血液透析治疗之路，过着依靠机器来生存的日子。每周三次的透析，每次4~5个小时。仅此一项，刨去医疗报销部分，他每月要负担五六千元的治疗费用。在透析过程中，动脉穿刺针让他疼痛难忍，还经常出现高血压或低血压头痛、关节疼、痛风等症状。每次透析结束，他都非常虚弱，全身无力。他的手臂血管也因长期打穿刺针，已经扩张肿胀，手臂隆起一个又一个肿包。面对沉重的医疗费用和残酷的身心折磨，面对步步紧逼的死神，他也曾为命运的不公而情绪低落，甚至为了不拖累家人想要放弃治疗。但他想到自己的学生，想到父母和妻儿，最后坚强地选择了坦然面对，并忍常人之所不能忍，以钢铁般的意志，坚韧前行，誓与病魔奋战到底。即便身体如此虚弱，他还是记挂着学生的学业，坚持透析完次日就回到教学一线，成为茂名教育系统感动人心的"钢铁老师"，并在2017年入榜"广东好人"，2018年入榜"中国好人"，为创建文明城市工作做出了应有的贡献。

　　{资料来源：吴汉权：中学教师带病坚守讲台6载[EB/OL].（2019-07-23）[2020-10-04]. http://www.mm111.net/mmxw/p/376874.html. }

想一想：

案例中是如何体现吴老师钢铁般的意志的？这个案例给我们什么启示？

评一评：

（1）直面人生挫折。

　　像吴老师的人生一样，我们的一生不可能一帆风顺。在我们面临人生的挫折时，我们应该有着直面挫折和困难的勇气，用辩证的观点看问题，树立积极的人生态度。接受生命中的不幸也是一种勇者的体现。

（2）用顽强的意志去谱写自己的人生。

　　顽强的意志是战胜困难和挫折的力量源泉，它给予我们锲而不舍的精神和直面困难的勇气，去面对人生路上的种种困难。

（3）爱岗敬业是我们的职业操守。

爱岗敬业，孔子称之为"执事敬"，朱熹解释为"专心致志，以事其业"。爱岗敬业作为我们每一行的职业操守，将来在工作中我们也要干一行、爱一行、精一行。

 【活动体验】

观看国庆 70 周年大阅兵视频

活动目的：加强对军人意志的理解。

活动内容：请围绕视频内容在班级开展一场讨论会，分组通过PPT汇报、展示成果，可从以下几个方面展开讨论。

（1）如何磨炼出坚强的意志？

（2）为什么我们要学习钢铁般的意志？

（3）坚强的意志对我们来说有什么助益？

践行感悟：_____

_____

_____

第八章　严守军人作风，构筑发展格局

【导语】

作为一名职业院校的学生，我们应该学习军人的作风，为自己的未来构筑发展格局。那么军人作风包括哪些方面呢？一是要做到君子端方。我们职业院校的学生，正处在这个美好的青年时期，应努力端正自己的行为，使自己成为一名谦谦君子，才能给自己营造一个良好的交际关系，为未来的发展做铺垫。二是严于律己。我们要像军人一样养成良好习惯，并且做到坚持不懈，不断摒弃落后的观念，树立正确的人生观，善于控制情绪，加强自我控制力，从点滴小事做起。三是循规守法，成就未来事业。军队的军规，使军人避免松懈、懒散、混乱。国家的规章制度，确保国家的长治久安。作为青年学生，要像军人那样，时刻谨记循规守法，才能在未来的事业上越走越远。四是要团结进取。维护民族团结和社会稳定，是每个公民的责任。我们作为当代的青年学生更是要团结进取，为学校、为社会、为国家形成一股团结的力量，在面对一切困难时都能够凝心聚力，助力社会形成一种新的力量和发展格局。

第一节　君子端方，营造良好交际关系

【名言警句】

做一个圣人，那是特殊情形；做一个正直的人，那却是为人的正轨。

——雨果

其身正，不令而行，其身不正，虽令不从。

——孔子

 【事例导入】

李力是某学校某班副班长兼语文科代表，负责检查作业、监督背书。在他担任副班长期间，多次以检查别人作业或学习进度为由，逼迫同学们交收"贿赂费"，共计两万多元。李力所在班级只有7个人，但是李力上网上学，都有专人骑车（自行车）接送，他要来的钱，也有专人替他保管。实际上，他个头矮小，不过十来岁，却把手中这点权力运用到了极致。他在担任班干部的5年内，硬生生地从班里6个每天只有十几块零用钱的同学手里搜刮出两万多元，平均一年靠此收入四千余元，令人瞠目结舌。

思考和判断：

（1）事例中该班干部的行为有何不妥？

（2）为何他能从同学手里搜刮这么多钱？

青年学生肩负着时代的重任，是国家未来的栋梁，是标志时代精神面貌最灵敏的晴雨表，若行为不端，作风不实，形象不佳，将会

> **概念链接**
>
> 君子：泛指才德出众的人。
>
> 端方：庄重正直。
>
> 衣冠：具有多重含义。①衣和冠。古代士以上戴冠，因用以指士以上的服装。②泛指衣着，穿戴。③专指礼服。④代称缙绅、士大夫。⑤借指文明礼教。⑥穿衣戴冠。

对学校、社会和国家的形象产生极大的影响。我们职业院校的学生，正处在美好的青年时期，应努力端正自己的行为，使自己成为一名谦谦君子。那我们该如何做到端方呢？

"君子端方，温良如玉"这句话大概是对一个人人品最美的赞许。想要做一名端方的君子，首先要做到"正衣冠"。犹如军人一般，任何时候都能够把自己的军装穿戴整齐，把自己的军务收拾得井井有条。军人"正衣冠"，体现的是他们对队规和处事的态度，体现的是他们严谨的作风。我们通过"正衣冠"，可以端正自己的形象，可以提升个人的品行素养，促进良好社交关系的发展。衣冠正，可助力形成个人发展格局，为将来步入社会打下良好的基础。

一、衣冠正，立君子品行，方可正官帽

作为学生干部，"正衣冠"首先要正"官帽"。正"官帽"，就是让学生干部明白"官帽"从何而来。学生干部之所以能成为干部，不是学校领导、教师给的，而是根据学生的意愿选出来的，其职责主要是服务学生。学生干部只有端正自己的言行举止，才能取信于学校领导、教师及学生，使同学亲近，这才是衣冠正而上下亲的体现，更是一名君子应有的品行。不管是班委，还是学生会、校社团，都是学生自己的组织，它的组成成员都是在校学生。虽然在管理上，其内部会有不同的分工，但是，归根结底，每个参与者都应该是平等的，那么，其言行也都应该符合社会对一名学生的正常期待。显然，那些动辄对同学颐指气使、耍"官威"的班级干部或学生会干部，以及对外也不忘耍派头、装腔作势的社团干部，已经背离学生组织的正常要求，也冲破了学生该有的身份边界，他们的"衣冠"早已歪了，更称不上君子，"官帽"在他们眼里就是权力。中了"权力之毒"的他们，早已忘记了学生干部自律公约。对于学生干部来说，正"官帽"，就是让学生如军人一般，端正自己的行为，要有学生干部该有的样子，为同学服务。班干部与班级学生的积极互动如图8-1所示。

图 8-1　班干部与班级学生互动

二、衣冠正，正君子衣冠，方可正仪态

曹操说："君子正其衣冠，尊其瞻视，何必蓬头垢面然后为贤？"前两句意思是说，谦谦君子应使其衣冠整齐，使其与瞻视相关的内容均看上去令他人感觉受尊敬。这也是军队中总是能够保持整齐的穿着与一致的言行举止的原因。正衣冠是一个人，一个单位，一个国家礼貌、教养、品位、格调等的体现。

我们作为社会的一员，每天都要与人接触，人人都想被人尊敬，人人都喜欢美的事物。一群人聚在一起，至于谁最终会给你留下美好印象，无外乎两点：一是最初的外在，二是深入了解后的内在。仪态就是外在形象与内在素质的综合体现，是个人增强修养的保障。在庆祝抗战胜利70周年的阅兵仪式中，我们看到中国人民解放军精神饱满、英姿飒爽，那是因为他们统一的服装、端正的仪态彰显了军人的正直、严谨的良好作风。端正的仪态能让人内心安宁、心灵净化、身心愉悦，能促进社交关系健康地发展。作为职业院校的学生，懂得校园礼仪规范并养成良好的仪容仪态，可以促进自我不断进步，实现理想，走向成功。职业院校学生正衣冠如图8-2所示。

(a)

(b)

图8-2　正衣冠

"正衣冠"方可正仪态。校领导和学生干部的仪态不是表面文章，而是展现在学生面前的"物理形态"，是学生对校领导、学生干部的直接感受，反映着校领导、学生干部的人品、官品，是所在学校、组织的形象代表。"仪态"正，才能去

除糟粕、净化自我、影响他人，才能上下相亲，"厚泽深仁，遂有天下"。

三、衣冠正，令君子怀德，方可正人格

衣冠，就个人用物而言，是经济状况的一种反映，体现了生活的追求和审美的品位。正衣冠，更多的是在道德属性和思想层面上的表现，引申为人品的提升、人格的完善、思想的洗涤、作风的改进。"以人为镜，可以正衣冠。"我们职业院校学生，就应该像军人一样，把正人格当作必修课程，自觉规范言行举止，自觉加强道德修养，把学习与人品修养统一起来，努力提升思想境界，以身作则，才能衣冠正。衣冠正，方可正人格；人格正，方可上下亲。

☐ 严纪故事

张伯苓戒烟

我国教育家张伯苓，在重庆解放前夕，婉拒蒋介石赴台邀请而留守大陆。1919年以来他相继创办南开大学、南开女子中学、南开小学。他十分注意对学生进行文明礼貌教育，并且身体力行，为人师表。有一次，他发现有个学生手指被烟熏黄了，于是便严肃地劝告那个学生："吸烟对身体有害，要戒掉它。"没想到那个学生有点不服气，俏皮地说："那你吸烟就对身体没有害处吗？"张伯苓对于学生的质问，满怀歉意地笑了笑，立即唤工友将自己所有的吕宋烟全部取来，当众销毁，还折断了自己用了多年的心爱的烟袋杆，诚恳地说："从此以后，我与诸同学共同戒烟。"果然，打那以后，他再也不吸烟了。张伯苓先生爱国敬业、以身作则的故事，便是今天的我们正衣冠的一面明镜。

四、衣冠正，君子和而不同，方可正文化

郭沫若说过："衣裳是文化的表征，衣裳是思想的形象。"正所谓服饰得体，乃谦谦君子。服饰文化，在军队也有重要意义，不同军种有不同的服装。在职业院校，不同类型的院校有不同的特色服装，如技术类院校多以技工服装为主要特色，医学类院校多以白大褂服装为主要特色。即使是不同班级的班服也有其独特的班级文化含义。

从世界各民族在各个历史时期的衣着打扮来看，服装是民族社会物质文明和精神文明的标尺，也是这个民族经济和文化发展水平的标志及民族历史意识和民族时

代意识的体现。因此，服饰问题具有突出的民族特征和时代特征，而服饰文化可以提升民族的认同感，增强民族的凝聚力。

随着时代的发展，衣冠也发生了翻天覆地的变化。特别是青年学生，在五彩斑斓的衣裳面前，容易在衣着方面互相攀比。有些学生一味追求所谓潮流、时尚、名牌等，不顾自身经济条件是否允许。这些行为，不但严重影响了学生的个人形象及发展，同时也给家庭经济带来影响。作为新时代的青年学生，我们应该树立正确的价值观，做到不攀比、不拜金、不盲目跟风，在了解自我特征的基础上去选择适合个人特点、凸显个人气质的服饰。同时，还要深入了解国家的衣冠文化，结合我国传统文化，明确衣冠应该是穿起来整洁、大方，能体现个人特征及文化素养。

作为青年一代，最美的衣裳莫过于校服和班服了。不管是校服还是班服，都有着深厚的文化内涵，它们是学校和班级的特征，是学校和班级精神面貌的外在体

图8-3　精诚团结的学生精神面貌

现。校服和班服像是一件魔力外套，让同学们紧紧地团结在一起，无形中形成了共同的集体荣誉感。因此，在学校或者班级参加集体活动时，我们都会看到学生们身穿统一的校服或者班服，精神饱满、斗志昂扬地出现在活动会场，如图8-3所示。

五、衣冠正，促君子端方，方可上下亲

作为青年的一代，同学们享受着和平年代所带来的各种资源，亦不应该忘记传承正衣冠的优良传统，要像军人一样，时刻严格要求自己，加强自我约束，努力自我净化，实现自我完善，以身作则，率先垂范，发挥模范带头作用。作为职业院校的学生，我们应该自觉端正自己的态度，提高个人素质以及文化素养，规范自己的行为和作风，营造良好的交际氛围。周恩来总理不管是出国访问还是在党的工作座谈会上发表重要讲话，总是衣冠楚楚，风度翩翩，带着和蔼可亲的微笑。这不仅仅代表着他个人的衣冠，还代表着我们中国的衣冠，他的言行举止便是"衣冠正而

上下亲"的完美诠释，更加体现了我国君子之端方。我们要懂得站在民族利益的高度，常自省，要善于发现自己的不足并及时改正；对于自己的良好品格，要坚持发扬、不忘初心。俗话说，小成靠勤，中成靠智，大成靠德。通过"正衣冠"，我们端正了品行，提升了个人修养，德行兼备，促使自己成为谦谦君子，方可上下亲。我们青年学生，将肩负起建设祖国的大任，展示着中华民族未来的形象，正衣冠意义深远。

【案例探析】

　　刘大庆是一名58岁的退役军人。2020年春运安保期间，随着疫情防控工作的不断深入，参与过非典防控的他主动请缨，负责对辖区道口重点车辆的测温卡控工作，他负责的道口日均车流量达万余辆。执勤结束后，他还会到站区检查疫情防控工作，对列车运载货物进行疫情抽检。1月27日刘大庆突感身体不适，领导和同志们劝他好好休息，他却坚持继续执勤，因为疫情防控太需要人手了。1月28日凌晨3时刘大庆突发蛛网膜下腔出血终因抢救无效，于28日20时去世。突发疾病牺牲的时候，刘大庆还穿着警服。1月30日5时30分，寒冷的冬日凌晨，20多名战友送别牺牲的刘大庆。

　　{资料来源：凌晨三点，退役军人牺牲在抗疫一线[EB/OL].（2020-02-01）[2020-10-04]. https://www.sohu.com/a/369990902_100114159.}

想一想：
案例中的刘大庆是如何体现出正衣冠品格的？这个案例给我们什么启示？

评一评：
　　刘大庆作为一名退役军人，他谨记自己身穿着代表着正义、正直的警服。在国家危难的时候，他用自己的行动向群众展示了中国军人严于律己、勇于奉献的良好作风。他的君子品行得到了众人的肯定，充分体现了"衣冠正而上下亲"的深刻内涵。作为青年一代，我们应该学习刘大庆的这种精神，严格要求自己，勇于奉献，才能够获得他人的尊重，才能营造良好的交际关系。

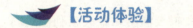【活动体验】

衣冠正而上下亲

活动目的：认识"正衣冠"的重要性。

活动内容：请围绕以下主题在班级开展一场讨论会或者辩论赛，分组通过PPT汇报、展示成果。

（1）如何理解"衣冠正而上下亲"这句话？

（2）为什么"衣冠正"对我们如此重要？

（3）通过"正衣冠"，我们可以收获什么？

践行感悟： _____

_____

_____

第二节　严于律己，形成高尚品德

【名言警句】

> 勿以恶小而为之，勿以善小而不为。
>
> ——刘备
>
> 不积跬步，无以至千里；不积小流，无以成江海。
>
> ——《荀子》

 【事例导入】

医学院学生小高一直奉承"成大事者不拘小节"的说法，在学习生活中马马虎虎，得过且过。无论老师、同学如何劝说他都无动于衷。校园生活转眼即逝，很快便迎来了毕业实习，小高被安排在当地的一所医院负责抽血检验的工作。医院里人来人往十分忙碌，作为实习生的小高工作也相当繁忙。在一次为患者抽血检查的过程中，小高由于粗心大意，在为患者抽血过程中使用了上一位患者的抽血针头，而这一幕恰恰被患者家属看在眼里，结果给医院和学校造成了极大的困扰。

思考和判断：

（1）小高的行为错在哪里？给你的感悟是什么？

（2）请探讨一下"成大事者不拘小节"与"不拘小节失大节"之间的辩证关系。

西汉陆贾说"垂大名于万世者，必先行纤维之事"，阐明了"大节"与"小节"的辩证关系。要想建立大的功业，必须先加强自身修

> **概念链接**
>
> 不拘小节：出自《后汉书·虞延传》"性敦朴；不拘小节"，是形容待人处世不拘泥于小事，不为小事所约束，多指不注意生活小事。

养；要想名垂于千古，必须先从细小事情做起。

有人把不拘小节作为为自己开脱的"万金油"，做了有损他人利益和影响他人正常学习工作的事情，便把自己的错误归咎于不拘小节，曲解了"成大事者不拘小节"的真正含义。成大事者不拘小节，并不是说他们不在乎每一件细小的事情，而是他们在处理一些事情的时候，更懂得像军人一样果断而有预见性地取舍，这是一种超脱普通人的境界。

俗话说："细节决定成败。"每一件细小的事情，都可以看出一个人做事的态度，也决定着他能否成功。军队之所以总是能够快速按时按量完成任务，就是因为他们严于律己，发挥军人作风，不拘泥于一些不重要的小事。很多人之所以不能成大事，败就败在优柔寡断，没有预见性，缺乏自律和军人精神。而成大事者，他们往往会考虑到三步以外将会发生的事情，对于前进路上即将发生的事情已经在心中形成了一个解决的方案，所以遇到一些小事的时候，他们自然会果断取舍，也就是我们说的不拘小节。

一、积小节可成大节

"大节"与"小节"没有不可逾越的鸿沟，任何事物都有从量变到质变的发展过程。一个人思想品质的变化，无论是正向提高还是负向堕落，都来自于这种渐进的、细微的积累，正所谓"九层之台，起于垒土"；"千里之堤，毁于蚁穴"。

"细节决定成败"，在日常工作中，注重细节，才能将工作真正做出成绩，做到极致。老子曾经说过："天下难事，必作于易；天下大事，必作于细。"想成就一番事业，必须从简单的事情做起，从细微之处入手。注重小节，认真做好每一件小事，成功就会不期而至，这就是小节的魅力，是水到渠成后的惊喜。我们作为青年学生，应善于从一点一滴小事做起，踏踏实实、精益求精，这有利于我们培养良好的行为习惯，形成高尚的思想道德品质。

严纪故事

达·芬奇画蛋

欧洲文艺复兴时期的画家达·芬奇，从小爱好绘画。父亲把他送到当时意大利的名城佛罗伦萨，拜名画家佛罗基奥为师。老师要他从画蛋入手，他便画了一个又一个，足足画了十多天。老师见他有些不耐烦了，便对他说："不要以为画蛋容易，要知道，1000个蛋中从来没有两个是完全相同的；即使是同一个蛋，只要变换一下角度去看，形状也就不同了，蛋的椭圆形轮廓就会有差异。所以，要在画纸上把它完美地表现出来，非得下番苦功不可。"从此，达·芬奇用心学习素描，严于律己，经过长时间勤奋艰苦的艺术实践，终于创作出许多不朽的作品。

二、纵"小节"可失"大节"

一些小节虽是芝麻大的小事，却连着大事，处理不好就会引起连锁反应，影响大节。一些看着不起眼的小节，如多吃一点、多拿一点，却连着个人私欲，做多了就会渐渐形成个人的不良行为，极易被用心不良的人拉拢腐蚀，久而久之便会丢大节，这就是"因小失大"。军人也是如此，如果在军队训练中不严格要求自己，不努力按照每一个标准去训练，那么就算训练再多也不能拥有军人该有的能力和素质。

严纪故事

烽火戏诸侯

西周末年，周幽王为博褒姒一笑，不顾众臣反对，竟数次无故点燃边关告急用的烽火台。周幽王认为这是小事，不以为意。各路诸侯却长途跋涉，匆忙赶去救驾，结果却被戏而回，懊恼不已。周幽王从此便失信于各诸侯，最后，当边关真的告急之时，他点燃烽火却再也没人赶来救他了。最后，边关被敌军所破，西周灭亡。

周幽王上演的"烽火戏诸侯，褒姒一笑失天下"闹剧，说明"小节"不"小"，纵容小事的发生，久而久之便会产生质变，造成不可逆转的损失。

作为现代学生，对自己要求不够严格，逃一次课没关系，补考一科也没关系，不断放纵自我，最后你错失的将不仅是最美好的时光，有可能会是良好的机遇，甚至是成功的人生。而作为职业院校的学生，我们更加应该严谨对待身边的每一个"小节"，漏掉任何一个细小的操作步骤，都有可能危及自己的生命甚至是整个公司的生产安全。

三、小节不"小"

我们要严于律己，应以发展的眼光看问题，拘小节更能成大事。中国共产党军队所到之处，不拿老百姓的一针一线，不碰农民耕种的庄稼田亩。这是军人的注重"小节"，成就了我们党的伟大事业。拘小节能更好地发挥主观因素，有利于养成严谨和细致的作风，有利于全面地考虑问题，而这些正是成大事者所必备的基本素质。

注重"小节"对国家治理来说，更有利于政权稳固和社稷安稳。党中央前后出台"八项规定""六项禁令"等一系列举措，无不显示着要从小处着眼、从细微处入手。党中央要求广大党员干部要从落实每一条规定、每一条禁令入手，努力做到"慎初""慎微""慎独"，不因"下不为例"而放纵，不因"小事无障"而越界，不因"不为人知"而妄为。要减少每一次铺张浪费，拒绝每一次公款吃喝，放弃每一次的送礼念头，拒收每一次他人带来的礼品，抵制每一次"糖衣"的诱惑。检验自己在生活小节上是否一清二白，做到修身律己，正心养德，通过不断的学习提高、躬身践行、自检反省，努力加强不染纤尘的道德修养，秉公办事、廉洁自律的职业操守，品修若金、德馨若风的人生境界，真正做到小节愈拘、大节愈谨，小节愈持、大节愈彰。每个人都做到注重"小节"，抵制腐败，党和国家才能风清气正，稳步健康发展。

注重"小节"对个人来说，从来就不是小事。平时不注重小节，必将有损于品德修养，以至犯下大错误。"小节"问题不但具有潜移默化的腐蚀作用，而且有可能由微恙而成大疾。有这样一个寓言故事：一个人偷拿了邻居家一根针被告官，法官在量刑时却定了与一位偷牛贼同样的罪。小偷很不服气，问法官为什么偷了区区一根针却判得与偷牛一样重。没等法官回答，偷牛贼抢着说："我当初就是从拿别人一根针开始的。"不注重"小节"，小则丢失个人道德修养，大则贻误人生。那么对青年学生来说，应如何注重"小节"，成就成功的人生呢？

1. 养成习惯，努力做到坚持不懈

每一个成功者所具备的成功品质与能力，都是由无数个细微习惯积累而成的。军人如此，其他人也如此。因此，一旦养成良好的细微习惯，就不会再被刻意坚持好习惯与纠正坏习惯的矛盾心情所累，相反那种水到渠成、收放自如的自控能力会让你轻轻松松胜人一筹。要养成良好的习惯，必须要给自己设定目标，循序渐进，持之以恒，要学会克制自己，时刻提醒自己。

2. 改变观念，树立正确的人生观

不注重细节的人，在日常工作中往往对其他注重细节的人和事也不会正确对待。比如，他们会给精打细算的人冠以"斤斤计较、小家子气"的评价，对善意的提醒会恶言相加，对关系自己生命安全的问题却常抱有侥幸心理，这都是主观上未重视细节的行为体现。只有在思想上足够重视细节，才能严格要求自己的行为。因此，要成为优秀的人，我们首先要学习军人的作风，接受军规的洗礼，改变旧的观念，提倡细节决定成败的理念，要接受思想道德教育，形成良好的世界观、人生观和价值观。

3. 控制情绪，加强自我控制力

每个人在生活中都兼具感性与理性，想对大小琐事都用理智衡量是不可能的，并且大部分行为都是以感情为出发点的，这是人性真实的一面。大部分人通常会因为别人的一句话，便耿耿于怀，动辄勃然大怒，血液充满脑部，根本无法自我控制，等到情绪过后，才悔不当初。军人却不是如此，不管他们遇到什么难题，都能够沉稳、冷静去面对，一步一步解决问题。作为青年学生，我们要像军人一样锻炼自己的能力，学会培养自我控制的能力，克服浮躁的情绪。要经常想到自己的弱点、自己的不足，既要自我崇尚、有信心，更要自我检查、随时修正，不断地自我完善、自我提高。能自我克制的人，才能不为外界环境所左右，静下心来的时候才能更加专注地做好细节小事。

4. 积少成多，从点滴小事做起

"不积跬步，无以至千里；不积小流，无以成江海。"小节存在于我们身边的每一件小事之中。严格遵守工作时间，上班不迟到，下班不早退，不因私事影响工作，良好的工作态度是小节；节约一滴水、一张纸、一度电，养成随手关灯、关门窗的习惯是小节；所出具的数据、撰写的文章、产品的工艺指标都做到没有差错是小节；对经手的事，从时间、地点的确定，到准备什么、如何应对都有全盘考虑是小节。当你处处注重小节的时候，就养成了关注小节的良好习惯，你会发现，无论待人接物，还是工作进展，都会顺手许多，获得成功的机会也多很多。作为青年学生，我们应该从身边点滴小事做起，积少成多，养成良好的行为习惯。注重环境整洁小细节，如图8-4所示。

图8-4 注重环境整洁小细节

【案例探析】

　　2016年1月18日凌晨，腊月的湿冷让人们早早就进入了梦乡，但某市党委原书记李某，此时却如惊弓之鸟，辗转难眠。凌晨5时，李某被抓获。经查，李某违反多项纪律，收受他人礼金，违法从事营利活动，利用职务便利为他人在项目立项、工业用地安排、工程承包、工程款拨付等方面谋取利益，总涉案金额近2500万元。从李某的回忆录中看出，李某的腐化堕落正是从收受"红包"礼金开始的。1996年，26岁的李某由某合资企业调入某市发展与改革局工作，由于踏实肯干，业务能力强，很快就被提拔为副科长、科长。有了权力后，李某对一些服务对象送上的"小恩小惠"来者不拒。千里之堤溃于蚁穴，权力给李某带来了"甜头"，也让他打开了贪欲之门。在一而再、再而三地收受了社会老板的"红包"后，李某如温水中的青蛙一般，逐渐丧失了对腐败的免疫力，随着职务的升迁和权力的增大，李某也急速滑向了腐化堕落的深渊。

　　想一想：

　　这个案例给我们什么启示？本案例中的李某，应如何做才能避免腐化堕落？

评一评：

"大节"与"小节"没有不可逾越的鸿沟，任何事物都有从量变到质变的发展过程。一个人思想品质的变化，无论是正向提高还是负向堕落，都来自于这种渐进的、细微的积累。案例中的李某作为国家干部，从"不拘小节"到"失去大节"，最终覆水难收、沦为罪人。小节是道德品质和本性修养的一种反映，无论是党员干部还是青年学生都应该注重小节，在养成习惯、改变观念、控制情绪等方面，勿以恶小而为之，勿以善小而不为。

 【活动体验】

小节不拘，大节易失

活动目的：加强对注重"小节"的认识。

活动内容：请同学们发现身边不注重"小节"的情景，并尽量拍下来，和同学就以下问题展开讨论。

（1）面对不注重"小节"的行为，你有什么感想？

（2）我们为什么要注重"小节"？

（3）注重"小节"对我们来说有什么助益？

践行感悟：

社会主义核心
价值观与禁毒

第三节　循规守法，成就未来事业

【名言警句】

矩不正，不可为方；规不正，不可为圆。

——淮南子

秩序是自由的第一条件。

——黑格尔

 【事例导入】

某学校发生了一起校园车祸，学生小林驾驶一辆白色汽车在操场上玩漂移，结果撞上了一名女生。该女生骨头都被挤压出来了，经6个小时的手术，还是没能保住右腿，最终右腿被截肢。据目击事件的同学回忆，晚上8点多的时候，这辆白色汽车违规开进操场里，在拐弯的时候根本没减速，车体发生严重的漂移，把在散步的女生撞到台阶上，导致该女生右腿血肉模糊，伤势严重。

思考和判断：

（1）该事件发生的根本原因是什么？

（2）如何才能避免这类悲剧的发生？

"无规矩不成方圆"的意思是，只有遵守规矩，规范行为，规规矩矩地做好每一件事，才能取得事情的圆满完成。规矩产生于人类社会，也对人类社会产生重大影响，它在生活中规范着人类的基本活动，并且存在于社会的各行各业中。规矩并不只是针对个人，而是对一定区域所有人的共同要求。对于青年学生而言，我们应该循规守法，方能成就未来事业。

一、恪守规矩，成就祖国昌盛

无规矩的社会将会出现各种混乱，如交通拥堵、学校无法正常上课、工厂无法正常开工、犯罪率飙升、踩踏事件增多等。由此可见，无规矩的社会是多么可怕。规矩规范着我们的行为，使我们沿着规矩的轨迹前行。随着人们生活水平的提高，汽车代替了步行，交通规矩应运而生，交通灯就是规矩，疏导着来往的车辆，减少车祸的发生。《中华人民共和国道路交通安全法》对饮酒驾驶有明确的处罚规定，可是总有一些人不把规章制度放在眼里，不规范自己的行为，导致事故频频发生。近日一名出租车司机由于酒驾，撞倒了两名中学生，导致了重大的交通事故。由此可见，一个国家的兴衰在于社会是否安定，社会是否安定在于我们身边的每一个人是否遵守这个社会的行为准则。动荡不安的社会将会摧毁国家的根基。国有国法，家有家规。作为社会中的一员，我们应该遵守国家的规章制度；作为家庭中的一员，我们应该遵守家庭的公约。只有这样，国才为国，家才为家。不管是国还是家，都需要我们在遵守规章制度的前提下去维护国和家的稳定安康。墨子曾有言："不慕矩，不成规。"可见规矩是要求每个人发自内心地接受它们。恪守规矩，才能成就祖国的昌盛。

严纪故事

强大的军队靠军纪严明

攻无不克、战无不胜的岳家军靠的就是军纪严明。一次岳飞的儿子岳云违抗军令，私自带兵出战，令岳家军损失惨重。按军令，岳云该判死罪。岳飞不顾父子之情，坚决要按照军令斩杀岳云，后经众将劝解，打了一百杀威棍代替其死罪。

三国时期，曹操所领的曹军之所以强大，也是靠军纪严明。曹操给军队定下军规，曹军所经之处不能骚扰民居，不能让战马踏入良田，违者死罪论处。一次他带兵出征，不料坐骑受了惊吓，踩倒了一片麦苗，为严明军纪，他立刻拔出佩剑，准备自裁，也是众将力阻，才以割发代替死罪。

二、内化规矩，助力成就大智慧

布朗早年因一场意外膝盖严重受伤，曾被医生断定下半辈子需在轮椅上度过。

本应悲叹命运不公的他，却并未放弃自己，而是制定规划，每天锻炼身体。在严格执行制定的规划之下，他克服了病痛和其他困难，徒步穿越美国三次，不得不令人赞叹。在外人眼里，怎么看他都是天生的倒霉蛋，但他却凭着坚强的意志与坚定的人生信念，不但与奥巴马成为同学，还创造了三次徒步环游美国的惊人纪录。现实生活给布朗带来种种的不如意，而他却活成现实版的阿甘。当万人崇敬，所有焦点都放在他身上时，他只是淡淡地说了句："制定一个简单的规划，严格按照自己制定的规矩，规范你的思想和行动。"虽然这句话听起来非常简单，却蕴含了人生的大智慧。

布朗用切身体会告诉我们，要想改变现状，那就给自己制定规矩，并且严格执行这个规矩。当你持之以恒地去遵守这个规矩时，你会惊讶地发现，你的生活已经发生了翻天覆地的变化。规矩可以使我们踏上正确的路途，助力我们成功；规矩可以规范我们的行为与思想，为我们斩除成功路上的荆棘，助力我们成就未来。如果我们在学习生活中随意行事，可能会一时感到身心愉悦，但却会离成功越来越远。

世间万物都需要借助外力来达到最终目的，而我们也需要借助外力来达到成功，那就是规矩行事。

三、承受约束，才能成就自由

规矩，对于每个人来说都是一种约束，它能够成就我们，也能约束我们的思想，控制我们的欲望。作为学生，很多人不屑于被规矩所牵制，甚至于痛恨规矩，但正是这些规矩维持着学校的正常教学、社会的稳定、国家的繁荣昌盛。

从个人的角度出发，每个人都有自己的原则和底线，这便是你给自己的社交定下的无形的规矩，一旦有人违反了你定的规矩，触碰了你的底线，便会发生争论甚至矛盾。对于家庭来说，家规就是家的规矩，而家风是在家规的作用下形成的家庭风貌。家规和家风，对于每一个家庭成员来说，都具有潜移默化、深远持久的影响，可见其重要性。在规矩的约束下，我们能够自由、安全地出行；在规矩的约束下，我们能够愉快地学习、工作；在规矩的约束下，我们能够义无反顾地走在正确的人生道路上，歌唱美好生活，感叹有规矩的时代给我们带来的岁月静好、社会和谐。

当然，规矩并不是一成不变的，规矩作为人类社会的产物，它会随着社会的发展而发生改变。墨守成规、一成不变会阻碍社会的发展。在十几世纪的欧洲，众人都认为亚里士多德所提出的"力是维持物体运动的原因"的理论正确无误时，伽利略站了出来，用精确的实验推翻了这一过时的"规矩"，重新建立起一套正确的理论和规范。规矩应随时代的发展而变化，应适合社会发展的潮流。而我们作为职业院校的学生，应该做到关心国家时事，熟悉国家法律法规，在循规守法的前提下，去成就自由，成就未来事业。

 【案例探析】

　　"金牌"书记曾是某村村民赠送给吴某的赞誉。原因是吴某在该村任支部书记接近40年，在他的带领下，该村有了很大的变化，成为"社会主义新农村"建设项目省级示范点，是某镇新农村建设的领头羊。然而他却因为不守纪律、不讲规矩，被群众多次举报，最终被市纪委立案调查，因违纪违法而落马。根据市纪委调查，吴某在2006年6月至8月期间，以建设村文化广场为由，侵吞村委集体款21 988.3元。2013年3月以购买路灯及其他电器为由，套取21 500元资金并占为己有。2001年至2012年期间，以职务之便，违法处置该村集体土地6宗，造成严重不良影响。从吴某的违法案件来看，其贪污的金额并不大，但正是因为这些"小钱"，使一个为群众服务了40年的"金牌"书记落马，发人深省。

　　想一想：

　　"金牌"书记落马的原因是什么？在本职工作中，应如何做到讲规矩、守纪律？

　　评一评：

　　"国不可一日无法，家不可一日无规。"我们现在之所以能和谐地在社会中生活，是因为国家有法制；之所以能幸福地在学校中学习，是因为学校有规章制度。正是因为有这些规章制度的存在，我们才能更加安全、平稳、和谐地生活。作为青年学生，我们要循规守法，严守规矩，内化规矩，承受约束，这样才能成就大智慧和大事业。

【活动体验】

"守纪律、讲规矩" 讨论会

活动目的：提高对守纪律、讲规矩的认识。

活动内容：请同学们就日常学习生活中哪些事情需要做到守纪律、讲规矩进行讨论。

（1）你身边有哪些不守纪律、不讲规矩的行为？

（2）这些行为带来的害处是什么？

（3）守纪律、讲规矩对我们来说有什么助益？

践行感悟： _____

_____

_____

第四节　团结进取，助力构建社会新格局

【名言警句】

令之以文，齐之以武。

——孙武

我们这么大的一个国家，怎样才能团结起来、组织起来呢？一靠理想，二靠纪律。

——邓小平

【事例导入】

近日，某市一位白发老太太撑着雨伞准备过斑马线，5辆车无视她的招手让行，仍然加速前行。20多秒后，终于有辆黑色汽车停下来，挡住后方来车，让老太太过了马路。事后交警对不礼让行人的5辆车做出罚款200元、记3分的处罚。对黑色汽车的礼让之举给予肯定。抓拍专项整治行动的开展，借助法律法规的外在压力，使"礼让行人"成为常见现象，促使公共意识扎根，增强群体的自觉性，逐渐形成社会向心力。

思考和判断：

（1）黑色汽车的礼让之举是源于其"礼让"的意识形态，还是出于对制度的畏惧呢？

（2）制度对于社会向心力的形成有何作用？

所谓"礼让行人"，根据《中华人民共和国道路交通安全法》第四十七条，指的是："机动车行经人行横道时，应当减速行驶；遇行人正在通过人行横道，应

概念链接

社会向心力：指的是社会凝聚起来共同推进中国发展的力量。具体来讲，社会向心力揭示的是在社会引力的作用下，人们的心向着社会领导核心的力量，不仅体现在人与物体之间的物质力，还体现在与人的思想追求密切相关的精神力。

制度：是一个意义广泛的概念，其一般的含义是要求社会群体或个人共同遵守的办事规程或行动准则。

当停车让行。机动车行经没有交通信号的道路时，遇行人横过道路，应当避让。"这既是法律的明确规定，也是保障行人安全通过马路，保障生命安全的现代文明社会的内在要求。另外，"车让人"意识的扎根，并不单纯是司机一方的问题。只有司机、行人都做到遵守规则，严于律己，安全才能真正实现，制度的意义才会显现，社会向心力才能在制度意识和公共意识建立的过程中逐渐形成。

促进全体人民在思想和行为上紧紧团结在一起，需要强大的民族团结向心力和凝聚力。当前社会向心力是建设中国特色社会主义的思想凝聚力、制度力和行动力。社会向心力包括在推动社会发展中人的精神力量、行动力量和良好的社会组织和规章制度，它是正面推动社会发展的合力，其最大依靠力量是广大人民群众，其领导力量是国家，其保障力量是军队。社会向心力在精神层面，是指民族的精神凝聚力；在行动层面，是指全体人民在党和国家的领导下，共建社会主义事业的行动力；在法律和制度层面，是指随着中国特色社会主义法律体系建立和完善而形成的制度力。凝聚社会向心力是人民群众团结进取的内在动力。

孙武在《行军篇》中提到，"令之以文，齐之以武"。希望军队既有纪律又富有向心力，一方面必须软硬兼施，用道义、教育、奖赏等统一士兵思想、对上司信任与忠诚；另一方面则通过军纪、严明的法则养成士卒服从的习惯，以使他们贯彻命令，形成军队团结一心，坚决完成任务的向心力。

一个团队，如果没有适合的一整套纪律和规矩做保障，将会成为一盘散沙。增强个人或群体的团结向心力是一项涉及多层次、多方面的工作，在制度层面体现为制度的完善和制度的落实。人民群众是增强社会向心力的最根本的依靠力量。广大人民群众真正从制度中受益，从中不断增强对国家、社会的认同感，不断增强对国家、社会的责任感，自觉践行社会主义核心价值观。

制度的保障力是建立在社会主义经济制度、政治制度等制度基础上，能满足人民群众的安全与尊严需求的制度保障力，包括人民群众的安全感、获得感、尊严感、幸福感等指标。有了制度的保障，人民群众的安全与利益才能得到保护，人民群众的尊严也才能得到维护，只有这样人民才能产生强烈认同感与自信，并在此基础上形成集认同力、维护力和践行力为一体的向心力，形成民族共同体意识，助力构建社会新格局。

社会向心力是推动社会发展的正能量，正如毛泽东同志一向倡导的："我们都是来自五湖四海，为了一个共同的革命目标，走到一起来了。我们……要互相关心，互相爱护，互相帮助。"由于这"三个互相"是受共同目标牵引的，当然也就能成倍地加强社会团结向心力，这就是人多力量大。在战争时期，军人也是如此，有共同的目标，团结互助，才有了一次又一次的大胜仗。作为当代的青年学生，我们要学习军人的团结作风，在面临任何困难时都能够沉稳冷静，团结一致。

习近平同志在中国共产党第十九次全国代表大会上明确提出"把纪律挺在前面，着力解决人民群众反映最强烈、对党的执政基础威胁最大的突出问题""坚决纠正各种不正之风，以零容忍态度惩治腐败"，这彰显了国家严厉惩治腐败，优化社会风气的坚定决心，也是从政治层面、法律层面促进社会向心力建设的体现。

"欲知平直，则必准绳；欲知方圆，则必规矩。"如何发挥制度之严，凝聚团结一致的社会向心力，建立和谐的社会新格局？新时代，加强社会团结思想，汇聚向心力，必须立规明矩，推进社会团结制度化规范化。

一、立规严纪，促心之所向

增强社会向心力离不开一定的外在压力和力量。外在压力和力量源于一切外部希望、规范、惩戒等，其中主要是规范，也可理解为制度。社会心理学认为，一个单位总要有规章制度制约着每个成员，使整体行动趋向于一致，这就是团体规范。正如军队中的守时，号角一响，迅速集合，无一人拖拉。这就是制度的严厉和作用。团体规范对每位成员都具有约束作用，凡是集体中的一员都需要遵守团体规范。若要增强外在压力和力量，就要立规严纪，严格各项规章制度，加强管理教育，以纪律、制度规范个体的行为，统一整体的步调。制度的落实依靠的是最广大的人民群众，这就要求制度制定和实施必须源于民众，归于民众。

要形成人人讲纪律的良好风气，抑制那些违背规章制度的言行，增强群体的自党性，这样，才能维护小至单位、大至社会的整体性，增强人民团结向心力和凝聚力。

二、扬纪表率，凝聚团结向心力

向心力是一种复杂的社会心理现象，由此决定了增强向心力工作的复杂性以及工作方法的多样性。纪律、制度可规范个体的行为，尽可能统一整体的步调，使之成为团结一致的群体。要使社会团结就必须做到使绝大多数人民群众拧成一股绳，其中的关键是要在思想上拧紧"总开关"。

维护民族团结和社会稳定，每个公民都有责任，特别是领导干部和共产党员。习近平总书记指出：党的干部是国家事业的中坚力量。领导干部在社会向心力提升中发挥着重要的作用。各级领导干部和机关工作人员，往往是各项决策的执行者，也是国家联系人民群众的纽带，在社会发展中起着领导表率作用，要坚持身体力行，以上率下，带好队伍，形成"头雁效应"，长此以往形成良性循环，必然会有助于建设良好的社会风气、社会秩序、社会环境，有助于凝聚民心。

三、制度之力推动社会建设

加快推进社会建设对于社会发展和稳定起到积极作用。社会要和谐发展，需要政府职能"归位"，"有所为，有所不为"，需要政府高度关注民生，抓好就业、教育、分配、保障等制度建设，确保社会权利公平、效率公平、分配公平。同时，进一步完善社会管理和服务职能，赢得民心民声，有利于维护社会安定有序，增强社会群体对社会整体的热爱程度。

增强向心力并非一件易事，制度约束可促进社会向心力形成，但绝不是唯一途径。此外，还需要充分发挥经济发展的影响力、政府管理的感召力、优秀文化的凝聚力等因素，凝聚团结一致的社会向心力。茂名市领导干部十分重视良好社会向心力的建设，"好心茂名""同城四创"是社会主义核心价值观的茂名表达。茂名还坚持用"好心茂名"文化引领社会文化建设，大力推广"好心精神进社会"工程，着力打造"好心茂名，处处见好心"城市品牌。"好心茂名"不仅体现在市容市貌上，还反映在市民自觉的善心好意上，市民对城市的归属感、认同感提高了，便逐渐汇聚成一股强而有力的团结进取的向心力。

在发展中总结经验，在发展中不断完善各项制度和基本工作，中国社会向心力必然会有一个较大的增强，中国必定会更加团结一致，共同进取，社会发展必然也会迎来新的格局。

【案例探析】

　　某广场在建工程地处市中心，施工出口处就是市主干道。施工方将围挡设置成宣扬社会主义核心价值观和慈孝文化的"创文墙"，显得非常典雅大气。据了解，工地范围内都安装有喷淋系统，目前正在进行正负零以下的施工、装基础施工和土方开挖，当天有4台静压桩机在静悄悄地开工，50多辆拉泥车不停地进出工地，而施工现场听不到噪声，大道路面也非常干净。

　　承建该工程的公司项目负责人介绍，公司对整个工地包括工人生活区的扬尘治理和消防系统，都有一套严格的管理制度，公司按省优质文明样板工程标准，争创优质工程和样板工程，努力把该广场打造成为茂名的一张文化名片。

想一想：

　　严格管理制度对社会稳定的形成有怎样的作用？这个案例给我们什么启示？

评一评：

　　本案例中某公司坚持以人为本、倡导环保健康，通过严格的管理制度，强化安全文明生产标准化管理，营造美好的茂名环境。让每位茂名人都为茂名的环境点赞，为之自豪。此刻，人们的社会自觉性和共同体意识已在悄然间萌芽、生长、汇聚。

【活动体验】

"社区群众的纪律认识" 专题讨论会

　　活动目的：加强社区群众对纪律的认识。

　　活动内容：请围绕以下主题在各社区居委会开展一场讨论会或者辩论赛，分组通过PPT汇报、展示成果。

　　（1）关于规章制度，你知道多少？

　　（2）为什么要学习规章制度？

　　（3）社会向心力对社会发展有什么助益？

践行感悟： _____

参 考 文 献

［1］司马迁. 史记［M］. 张燕均，富强，改编. 杭州：浙江教育出版社，2017.

［2］宋其蕤. 岭南圣母：冼夫人［M］. 呼和浩特：内蒙古人民出版社，2019.

［3］习近平. 习近平谈治国理政［M］. 北京：外文出版社，2014.

［4］中共中央党史研究室. 中国共产党的九十年［M］. 北京：中共党史出版社：党建读物出版社，2016.

［5］黄梓珊. 用"光盘行动"找回节俭美德：访"光盘行动"发起人、《中国国土资源报》副社长徐志军［J］. 环境教育，2013（3）：14-17.

［6］东方. 红军不怕远征难［J］. 湘潮，2020（6）：17-21.

［7］吕德胜. 维护和平，中国军队交出优秀答卷［N］. 中国国防报，2019-04-18（3）.